KB088703

내 몸의
지도를
그리자

내 몸의 지도를 그리자

가이도 다케루 지음
요시타케 신스케 그림
서혜영 옮김

내 몸이
어떻게 생겼는지
아시나요?

?

니케북스

❖ 일러두기

1. 이 책은 トリセツ・カラダ—カラダ地図を描こう(宝島社, 2019)를 우리말로 옮긴 것이다.

2. 맞춤법과 외래어 표기는 국립국어원의 현행 규정과 표기법을 따랐다.

   단, 본문에 나오는 전문 용어는 학계에서 두루 쓰이는 용어를 선택해 우리말로 옮겼다.

   의학 용어는 주로 서울대학교 의학정보사전, 해부학용어사전 등을 참고했다.

3. 본문에서 고딕체로 표시한 내용은 독자의 이해를 돕기 위해 옮긴이가 덧붙인 것이다.

**몸의 지도를 그리며
몸의 비밀을 밝혀보자.**

이 책만 읽으면 몸에 대한 모든 것을
한눈에 알 수 있다!
세세한 부분까지 모조리 다루지는 않았지만
몸에 대한 전체적인 그림을 그리기에는 충분하다.

서론
9

몸의 지도를 그릴 수 있나요?
내 몸의 지도를 그려보자 / 이 책의 구조 / 몸의 좌표

총론
27

제1장 **몸이란 무엇일까** 28
몸의 성분 / 몸의 성분 분석 · 세포를 만드는 물질
몸을 구성하는 최소 단위, 세포
몸의 토폴로지 변환—— 몸은 구멍 뚫린 막대어묵 37
몸의 구멍에 주목 / 벽과 강
구멍과 구덩이와 출입구 / 정상과 비정상
아파트와 닮은 몸 44
문을 통해 바깥세상과 소통한다 / 몸의 출입구, 모세혈관
음식물 '소화' / 공기 '호흡' / 쓰레기 '배설'
몸의 벽이 파손되었을 때 '출혈'
몸의 유지에 필요한 시스템 '혈관'과 '신경'
침입자에 대한 대응 '면역'

제2장 **몸의 구분** 54
부위별—— 눈에 보이는 위치로 나눈다 56
기능별 1—— 뼈와 근육 63
뼈의 종류와 수 / 수의근과 불수의근 / 가로무늬근육과 민무늬근육
기능별 2—— 내장 기관 72

각론

각론의 룰 90

제1장 **장기 분해** 92

머리 92

대뇌 / 대뇌 기능은 치우쳐 있다 / 대뇌에 남아 있는 진화의 자국

기억에 대하여 / 대뇌는 미식가 중의 왕

어떻게 마음이 대뇌에 있다는 것을 알았을까

소뇌 / 뇌간 / 척수

대뇌를 싸는 막 / 중추신경과 말초신경의 경계 / 말초신경

뇌신경=머리 부분의 말초신경 / 뇌신경의 기능

몸통의 말초신경 / 말초신경의 분류

마취 이야기

몸통——— 흉부와 복부를 합친 부분 114

가로막

흉부 117

심장 / 심전도 / 심장의 발생 / 심장의 진화 / 혈관

허파 / 허파 자신은 스스로 확장하거나 수축하지 못한다

식도

사람의 몸을 조사하는 방법 132

복부 133

위 / 십이지장 / 소장 / 대장 / 간 / 문맥이 뭐지

쓸개 / 췌장 / 비장 / 콩팥 / 방광 / 자궁 / 난소 / 고환

전신분포 장기① 내분비계 장기 / 전신분포 장기② 혈액계

제2장 **아기가 생기는 과정** 160

유전자란 무엇일까 / DNA의 실체 / 생식과 감수분열

제3장 **장기 재조립** 170

신경계 / 순환기계 / 호흡기계 / 소화기계

비뇨기계 / 생식기계 / 내분비계

♪몸 지도 그리기 노래 / 기능 총정리

항상성을 유지하기 위하여

의학개론

195

죽는다는 것, 산다는 것 / 죽는 것은 무섭지 않다

죽음과 의학 / 사람이 죽으면? / 해부에 대하여

'사망 시 의학 검사'는 의학의 기초

Ai의 등장 / Ai와 해부는 서로 돕는 관계에 있다

Ai를 반대하는 입장

끝으로 / 덧붙이며 / 참고문헌

《내 몸의 지도를 그리자》는 현대판 《해체신서》

10년 후의 후기 – 요시타케 신스케

서론

화산 아래에는
뭐가 있나요?

마그마!

그 주머니
안에는
뭐가 있나요?

만화책이랑
게임기랑
과자!

몸 안에는
뭐가
있나요?

으응~,
심장이랑 허파랑,
에,
그러니까~~~~~?

몸의 지도를 그릴 수 있나요?

이 책의 목적은 독자가 이 책을 다 읽었을 때 '몸의 지도'를 그릴 수 있게 하는 것이다.

그러면 몸의 지도란 뭘까?

몸의 지도라 하면 몸속의 모습을 그림으로 그린 것을 말한다. 수술대에서 배를 열었을 때, 그 속이 어떻게 생겼는지 그림으로 그릴 수 있는 실력을 갖추는 게 최종 목표.

어? 너무 어렵다고? 아니, 그렇지 않다.

대뇌, 소뇌, 허파(폐), 심장, 대동맥, 간, 췌장(이자), 식도, 위, 십이지장, 소장, 대장, 콩팥(신장), 방광, 비장(지라). 이런 장기들의 모양과 위치를 그릴 수 있으면 되는 거다.

자기가 좋아하는 만화라면 그 속의 등장인물 15명 정도는 쉽사리 기억할 수 있을 것이다.

참고로 고대 중국 사람들은 인간의 장기를 오장육부라고 했다. 오장(심장, 허파, 간, 콩팥, 비장) 육부(대장, 소장, 쓸개, 위, 삼초, 방광. 삼초는 존재가 분명치 않다)로 총 11개 장기다. 이 책《내 몸의 지도를 그리자》에서는 배 부분(복부)의 장기가 10개. 그렇게 어렵지 않다.

그런데 '몸의 지도'를 그려서 어디에다 써먹나? 하고 질문을 할 당신에게.

몸은 우리에게 단 하나밖에 없는 소중한 자산이다. 우리 몸과 우리는 언제나 함께한다. 그러니까 우리는 우리 자신의 몸을 누구보다도 잘 알아야 한다.

만약 우리가 오토바이로 세계 여행을 하고 싶다면 어떻게 해야 할까? 오토바이의 구조를 상세하게 아는 데에서부터 시작해야 하지 않을까.

옆 동네에 놀러 가는 정도라면 오토바이의 구조를 몰라도 아무 문제가 없겠지만, 정글이나 사막을 혼자서 달려야 한다면? 그때에는 오토바이의 구조를 공부해 구석구석까지 알아두어야 한다. 그렇게 하지 않으면 오토바이가 고장 났을 때 매우 곤란하게 될 것이다. 오토바이의 구조를 모른다면 오토바이를 타고 세계 일주를 떠나는 건 포기해야 한다.

앞으로 우리는 몸 하나로 여기저기 가게 될 것이다. 유전을 발굴하는 프로젝트에 참가할지도 모르고, 외국의 낯선 동네에서 구두를 팔아야 할지도 모른다. 아니면 외국어를 가르치는 선생님이 되어 있거나⋯⋯.

우리를 기다리고 있는 이러한 인생의 모험도 오토바이를 타고 떠나는 모험과 다를 바 없다.

그러니까 이런 인생 모험을 위해서는 내가 갖고 있는 도구를 구석구석까지 알고 활용할 수 있어야 한다. 그것이 모험에서 살아남기 위해 할 수 있는 최소한의 준비이다.

어떤 모험이든, 인생의 모험에 도전하는 사람이라면 누구나 사용하는 소중한 필수품, 그것이 몸이다. 몸에 대해 배워두면 우리의 가능성은 넓어진다. 그러니 몸에 대한 지식은 인생의 모험을 떠나는 우리가 맨 먼저 확보해야 할 소중한 아이템이다.

인생의 모험에 나선 이상 우리는 어떠한 어려움이 있어도 꺾이지 않고 나아갈 수 있는 불굴의 마음을 가져야 한다. 그런 마음은 우선 우리 자신의 몸을 제대로 아는 것에서부터 시작된다.

이 세상에 몸의 구조를 자세하게 설명한 전문서는 많다. 하지만 이 책처럼 몸의 구조를 요약해서 '한눈에 모두' 알 수 있게 해주는 책은 없다. 나 또한 옛날에 그런 책을 찾아 헤맸지만 결국 못 찾았던 경험이 있는 만큼, 이것은 확실하다.

없다면 만들어라. 그래서 나온 것이 이 책이다. 만약 의사가 되고 싶은 어린 독자가 이 책을 집었다면, 이 책에 있는 내용 정도는 중학교를 다니는 동안 마스터해버리라고 권하고 싶다. "이 책을 읽으면 의대에 입학할 수 있고 의사가 될 수 있다"고 보증할 수는 없지만, 반대로 "이 책에 소개한 내용을 소화해내지 못한다면, '절대'라고는 단언할 수 없지만, 의사가 되기는 어렵다"라고 말할 수는 있다.

그리고 의사가 되고 싶지 않거나 될 필요가 없는 사람, 또 병원 가는 게 정말 싫은 사람들. 이 사람들이야말로 이 책을 읽어야 한다. 병이란 놈은 우리의 몸속에서 무슨 일이 일어나고 있는지 이해할 수만 있다면, 반은 나은 것이나 마찬가지다. 그러므로 이 책을 읽으면 병원에 갈 일을 반으로 줄일 수도 있다.

배 아플 때, '대장염인 것 같은데'라고 생각할 줄 아는 사람과 '큰 병이라도 난 거면 어떻게 하지, 무서워' 하며 울상만 짓고 있는 사람은 그 태도의 차이 때문에 병을 이겨내는 방식도 달라진다.

오랜 속담이 있다. 병은 마음으로부터 시작된다.

자동차나 텔레비전이나
휴대전화는 구조를 몰라도
얼마든지 사용할 수 있어.
고장 나면 수리 맡기면 되고.

몸도 그렇게 하면 되는 거 아닐까?

으음,
하지만 말이지.
이 세계는
나의 바깥쪽과
나의 안쪽으로
이루어져 있잖니?

바깥쪽은 아는데 안쪽을 모른다면
세계를 반밖에 모른다는 얘기잖아?

이 책을 읽기 전에 우선 능력껏 '몸 지도'를 그려보면 좋겠다. 그리고 책을 다 읽고 나서 한 번 더 '몸 지도'를 그려보자. 그렇게 해보면 이 책을 통해 무엇을 알게 되었는지 분명하게 확인할 수 있을 것이다. 그다음은 가족들에게 '몸 지도' 테스트를 해보자. 분명 우리 가족들도 이 책을 읽기 전의 우리와 마찬가지로 '몸 지도'를 제대로 그리지 못할 것이다. 그들 앞에서 우리가 술술 '몸 지도'를 그려보이면 다들 "굉장하구나" 하고 우리를 존경하게 될 것이다.

어? 공부는 싫다고?

걱정하지 않아도 된다. 일러스트레이터 요시타케 신스케 씨가 우리와 함께 공부해줄 것이다. 요시타케 씨가 질문하면 내가 거기에 대답해주는 방식으로 설명해갈 예정이니 여러분은 따라오기만 하면 된다.

내 몸의 지도를 그려보자

이 책을 읽기 전에 우선 각자가 자신의 몸에 대해 얼마나 알고 있는지 테스트를 해보자.

테스트라는 말에 주눅이 들거나 할 건 없다. 채점은 각자가 하고, 점수를 다른 사람에게 보여줄 필요도 없다. 이 테스트는 나 자신을 위해 혼자서 하는 테스트다.

나중에 이 책을 다 읽고 나서 한 번 더 같은 테스트를 해보고, 처음에 그린 '몸 지도'와 비교해보기 바란다. 그러면 이 책이 얼마나 도움이 됐는지 알 수 있을 것이다.

그럼 시작하자. 우선, 다음 페이지의 문제에 답을 써 넣어보자.

머릿속에 떠오르는 대로

(공부전) 몇 개나 쓸 수 있으려나.

①	②
⑤	⑥
⑨	⑩
⑬	⑭

(공부후) 이번에는 몇 개나 쓸 수 있으려나.

①	②
⑤	⑥
⑨	⑩
⑬	⑭

우리 몸속 장기의 이름을 써보자.

	기입일	년	월	일
③	④			
⑦	⑧			
⑪	⑫			
⑮				

	기입일	년	월	일
③	④			
⑦	⑧			
⑪	⑫			
⑮				

몸의 지도 공부 전

몸속은 어떻게 생겼을까?
우선은 아무것도 보지 말고 그려 넣어보자.

답은
189쪽

몸의 지도 공부 후

기입일   년   월   일

이 책의 구조

우선 이 책의 기본 구조를 설명하겠다. 지금까지는 '서론', '시작하며'라는 인사 부분이었다. 본문으로 넘어가면, 제1부는 '총론', 제2부가 '각론'이다. 그리고 마지막으로 '의학개론'을 써봤다. 이것들의 차이를 축구에 비유해서 설명해보자.

①서론

"○○○ 축구 스타디움에 오신 것을 환영합니다. 지금부터 ○○○ vs. XXX의 시합을 시작하겠습니다"라는, 주최자의 인사

서론

②총론

축구는 각각 11명으로 구성된 두 팀이 싸우는 스포츠다. 골키퍼와 필더가 있고, 골키퍼는 손을 쓸 수 있지만, 다른 선수들은 손을 사용하면 반칙. 공을 상대편의 골대 안으로 넣으면 득점. 경기 시간은 전반 45분, 후반 45분. 이것이 총론. 어느 팀에나 적용되는 보편적인 룰에 관한 설명이다.

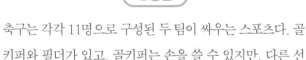

총론

③각론

○○○는 공격진이 강한 점을 내세우지만, 수비가 형편없고 특히 골키퍼가 구멍이다. 감독은 이기고 있으면 신나 하고 역전당하면 역정을 낸다. 라이벌인 XXX에는 득점왕이 있고 윙의 다리가 빠르다. 이것이 각론. 각 팀의 버릇, 특징에 대한 세부적인 설명이다.
그리고 총론의 룰은 각론에 모두 적용된다.

각론

④개론

축구는 스포츠의 일종으로 프로팀과 아마추어팀이 있다. 축구 인구는 전 세계에 500만 명. 이런 식으로 축구를 전혀 모르는 사람들에게 쉽고 간단히 설명하는 것이 개론이다.

개론

이러한 구조는 어떤 학문 분야에서든 책을 쓸 때 기본형으로 사용하는 것이므로 머릿속에 기억해두면 좋다.

몸의 좌표

몸속 장기들의 위치를 가리키는 방법과 관련하여 전문용어를 알아보자. 보통 동물은 네발로 다니지만 사람은 두 발로 선다. 직립하는 인간을 기준으로 우리의 몸에 3차원 좌표를 적용해보자. 우선, Z축이다. 위쪽을 '머리쪽', 아래쪽을 '발쪽'이라고 부른다. 발쪽을 꼬리쪽이라고 지칭하는 경우가 많은데, 이는 네발로 기어다니는 동물을 전제한 표현이다. 네발짐승의 경우 머리쪽, 꼬리쪽이 신체의 양쪽 끝을 표현하는 한 축이 되지만, 직립하는 인간의 경우는 머리쪽, 발쪽으로 표현하는 것이 타당하다.

다음으로 X축. 몸의 앞뒤인데, 앞쪽을 '배쪽', 뒤쪽을 '등쪽'이라고 한다.

마지막은 Y축, 이것은 간단하다. 왼쪽 · 오른쪽이다. 왼손이 있는 방향이 왼쪽, 오른손이 있는 방향이 오른쪽이다.

또 하나의 축이 있다면, 그건 중심부에서 가장자리로 향하는 축이다. 중심을 몸 안쪽, 가장자리를 몸 바깥쪽이라고 한다.

준비가 되었으면, 이제 드디어 몸의 구조에 대해 공부를 시작하도록 하자.

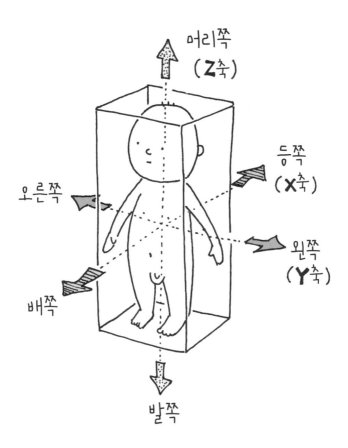

머리쪽
(Z축)

등쪽
(X축)

오른쪽

왼쪽
(Y축)

배쪽

발쪽

자아.

내 몸속이 어떻게
되어 있는지
배워보자.

몸속에는 실로
굉장한 비밀이 숨어 있고,

그것을 알면

굉장한 일을 할 수 있거나
굉장한 아이디어가 떠오르거나
굉장히 인기가 많아질 수도 있다.

우선 너는
다리가 짧구나.

몸속 얘기나 하시죠,
몸속.

총론

"우선은 간단하게 설명하자 ❀"

이러저러해서,

우리는
살고 있어요.

이상! ❀

너무
간단해요! ❀

몸이란 무엇일까

몸의 성분

몸은 어떻게 보느냐에 따라 여러 방식으로 이야기할 수 있다.

그중 하나가 성분 분석을 해보는 것이다. 인체를 분해하여 무엇으로 이루어져 있는지 조사한다. 그 결과를 대략적으로 말하자면, 사람 몸의 약 70%는 물이고, 단백질과 칼슘이 그다음으로 많다. 그러므로 사람의 몸은 '물의 행성인 지구'와 조금 닮았다.

[지구]	(%)
산소	47
규소	28
알루미늄	8
철	5
칼슘	4
칼륨	3
나트륨	3
기타	2

[사람의 몸 · 무기질]	(%)
산소	63
탄소	20
수소	9
질소	5
칼슘	1
기타	2

[사람의 몸 · 유기질]	(%)
물	65
단백질	15
지방	14
탄수화물	1
핵산	1
무기물	5

단백질은 그 종류만 해도 1만 종이 넘는다고 하는데, 사실 이는 20종류의 아미노산이 다양한 개수로, 그리고 다양한 방식으로 연결되어 만들어진 것이다. 예를 들어 인슐린은 51개의 아미노산으로 이루어져 있다. 트립신은 223개, 헤모글로빈은 574개의 아미노산으로 구성된다.

단백질은 두 가지 계통으로 분류된다. 구조단백질과 기능단백질이다.

① 구조단백질은 집에 비유하자면 벽에 해당되고, 세포의 강도를 보강한다. (콜라겐, 엘라스틴 등)

② 기능단백질은 다른 것에 작용하여 특정 효과를 낸다. 기능단백질의 예로 효소가 있다. 효소는 소화를 돕거나 에너지를 생산하는 화학반응을 촉진하는데, 효소 자체는 변화하지 않는다. (인슐린, 아밀라아제 등)

구조단백질

기능단백질

인지질이
어느 거지?

굉장히
작아서
안 보여요?

■ 몸의 성분 분석 · 세포를 만드는 물질

물	세포를 구성하는 것 중에서 가장 비중이 커서 몸의 70%를 차지한다.

유기물

단백질	20개의 아미노산들이 펩타이드 결합을 통해 축합된 고분자 화합물. 효소·호르몬, 항체 등의 원재료가 된다.
탄수화물	단당류(글루코오스 · 프룩토오스 · 갈락토오스=육탄당, 데옥시리보스 · 리보스=오탄당)와 다당류(전분 · 글리코겐, 단당류가 사슬 형태로 연결된다)로 나뉜다. 에너지원이 된다.
지질① 지방	지방산 3개와 글리세린이 융합한 것. 에너지원이 된다.
지질② 인지질	지방산 2개와 인산, 글리세린의 융합물질. 세포막 성분이 된다.
핵산① DNA	염기+오탄당(데옥시리보스)+인산 유전자의 본체
핵산② RNA	염기+오탄당(리보스)+인산 단백질 합성

무기물

나트륨 · 염소	삼투압을 조정한다.
칼륨	세포막 안과 밖 사이에 전위차를 만들어낸다.
칼슘 · 인	뼈와 치아를 만든다.
철	혈액의 구성성분인 헤모글로빈의 재료

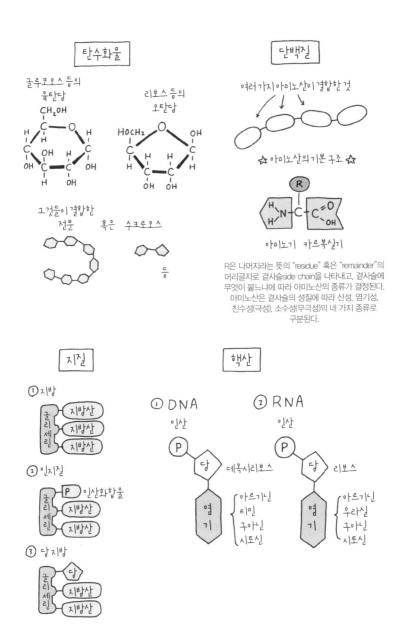

탄수화물

글루코오스 등의
육탄당

CH₂OH

리보스 등의
오탄당

단백질

여러 가지 아미노산이 결합한 것

☆ 아미노산의 기본 구조 ☆

R

아미노기 카르복실기

R은 나머지라는 뜻의 "residue" 혹은 "remainder"의
머리글자로 곁사슬side chain을 나타내고, 곁사슬에
무엇이 붙느냐에 따라 아미노산의 종류가 결정된다.
아미노산은 곁사슬의 성질에 따라 산성, 염기성,
친수성(극성), 소수성(무극성)의 네 가지 종류로
구분된다.

그것들이 결합한
전분 혹은 수크로오스

등

지질

① 지방

글리세린 / 지방산 / 지방산 / 지방산

② 인지질

글리세린 / P 인산화합물 / 지방산 / 지방산

③ 당지방

글리세린 / 당 / 지방산 / 지방산

핵산

① DNA

인산

P

당 데옥시리보스

염기 { 아르기닌 / 티민 / 구아닌 / 시토신

② RNA

인산

P

당 리보스

염기 { 아르기닌 / 우라실 / 구아닌 / 시토신

그럼 물과 단백질과 칼슘이 있으면,
인간을 만들 수 있나요?

대답

물, 단백질, 칼슘만으로는 인간을 만들
수 없어요. 그것 말고도 우리가 잘 모르
는 것들이 모여서 마음이 만들어지고, 거
기에 여러 경험이 쌓이면서 인간이 되는
것이니까요.

몸을 구성하는 최소 단위, 세포

사람의 몸은 세포로 이뤄졌고, 세포는 핵과 세포질로 되어 있다.
핵 안에는 유전 정보가 들어 있는 DNA(데옥시리보핵산)가 있다.
세포질 안에는 미토콘드리아와 리보솜 등이 있다.
미토콘드리아는 화학반응을 통해 에너지를 생산한다.
리보솜은 DNA의 데이터를 복사한 RNA(리보핵산)를 이용하여 단
백질을 만든다.

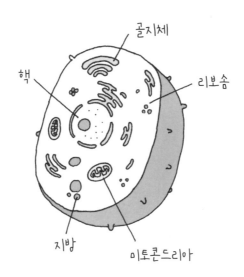

골지체

핵

리보솜

지방

미토콘드리아

세포가 모여서 각양각색의 기능을 가진 장기가 만들어진다. 인간의 몸을 구성하는 60조 개에 이르는 세포는 처음에는 단 하나의 세포(수정란)에서 시작된 것이다. 그 세포가 몸 여기저기 각각의 장기에 필요한 기능을 가진 다양한 세포로 분열, 변화해가면서 몸이 만들어지는 것이다.

이러한 과정을 '분화'라고 한다.

세포가 합쳐져 기능 단위로 되고, 기능 단위가 모여 하나의 장기가 된다. 그렇게 만들어진 여러 장기가 다시 기능별로 시스템을 이루고, 그 시스템이 모여 최종적으로 사람의 몸이 된다.

이를 축구에 비유하면, 축구선수가 하나둘 모여 팀이 만들어지고, 팀이 모여서 리그전이 되고, 리그전의 승자가 우승컵을 거머쥐고, 최종적으로 월드컵을 노리게 되는 것과 유사하다.

정말로
비슷한가요?!

……축구,
재미있지.

█ 몸의 토폴로지 변환 — 몸은 구멍 뚫린 막대어묵

점토로 사람의 몸을 본떠 만들어본다. 다음으로 점토 표면을 얇은 막으로 덮는다. 그런 다음 점토를 조몰락조몰락 주무르다 보면 원래의 모습을 잃고 모양이 변해간다. 그렇게 해서 몸의 구조를 계속해서 단순화해가면 마지막에 어떤 형태가 될 거라고 보는가?

가운데에 구멍이 뚫린 막대어묵과 같은 형태가 된다.

왜냐하면 사람 몸의 한가운데는 입에서 항문까지 연결된, '소화관'이라는 구멍이 있으니까.

그래, 사람의 몸은 형태에 있어서만큼은 구멍 뚫린 막대어묵과 같은 종류라고 할 수 있겠다.

이렇게 어떤 물질이나 물체를 분리하거나 떼어내거나 이어붙이지 않고 그 형태만을 연속적으로 변형해가는 과정을 수학 용어로 '토폴로지 변환'이라고 한다.

토폴로지 변환에서는 구멍 뚫린 막대어묵은 도넛과 같은 종류에 속한다. 손잡이가 달린 컵도 도넛형에 속하는 것이므로, 구멍 뚫린 막대어묵과 동류라고 할 수 있다. 손잡이와 컵 본체 사이의 구멍 때문에 그렇다. 물건 한가운데로 구멍이 통과하는 것은 전부 같은 종류에 속하는 것으로 본다.

도넛형과 다른 형태로 속이 꽉 찬 공 모양이 있다. 예를 들어 접시, 주사위, 바나나 같은 것들인데, 이것들 모두 토폴로지 변환에서는 공과 같은 종류에 속한다.

중요한 것은 사람의 몸은 그 형태가 공형이 아니라 도넛형에 속한다는 점이다.

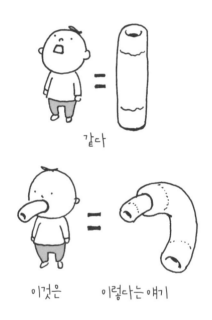

같다

이것은   이렇다는 얘기

몸의 구멍에 주목

구멍 뚫린 막대어묵의 한가운데는 말 그대로 구멍이 뚫려 있다.
사람의 몸에도 한가운데에 구멍이 있다.

그 구멍이 뭔지는 당신도 잘 알고 있을 것이다. 구멍의 입구는 입.
출구는 엉덩이의 구멍, 즉 항문이다.

그 구멍을 통해서 음식물이 들어오고 나간다. 음식물은 몸이 아니
므로 언제나 몸의 외부에 있는 법이다. 즉 음식이 입안으로 들어와서
구멍 뚫린 막대어묵의 한가운데를 통과해 항문으로 나간다고 한다면,
그 구멍 속의 공간도 몸의 외부에 해당된다. 그러므로 음식물이 사람
의 몸을 통과할 때에는 몸 외부에 있다가 몸 내부로 들어와 다시 몸
외부로 나가는 것이 아니라, 계속해서 몸의 외부를 통해서 움직인다
는 사실을 잘 기억해두어야 한다.

구멍 뚫린 막대어묵의 입구가 입, 출구가 항문. 그리고 구멍 뚫린
막대어묵을 통과하는
긴 구멍을 소화관이라
고 한다. 정확하게 말
해 소화관이란, 그 긴
구멍의 빈 공간이 아
니라 그 빈 공간을 둘
러싼 어묵의 안쪽 벽
을 가리킨다.

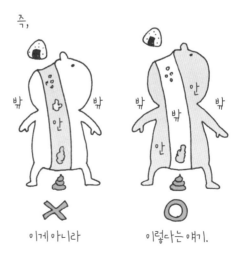

즉,

이게아니라

이렇다는 얘기.

벽과 강

'벽'은 몸의 일부이고, '강膣'은 그냥 비어 있는 공간으로서 몸의 외부로 간주한다.

소화관은 소화관 벽으로 이루어진 튜브다. 그러므로 몸의 일부다. 그 튜브로 둘러싸인 공간은 몸의 외부. 몸속에 있는 몸의 외부. 이것을 강이라고 부른다. 말하자면, '소화관강'이라고 부를 수 있다.

입에 대해서도 마찬가지다. '구강'은 입안의 공간이지만, 그 자체는 몸이 아니고 음식물이나 공기가 통과하는 통로로서 몸의 외부다. 그럼 입에서 공간이 아닌, 몸 부분은 무엇이라고 부르면 좋을까. '구강 벽'이라고 부르면 될 것이다. 이것도 실생활에서는 쓰지 않는 표현이지만, 학술적으로는 그렇게 부를 수 있다. 학술용어라는 것이 의외로 애매한 법이다.

벽과 강

이글루 벽

이글루 강

구멍과 구덩이와 출입구

"사람에게는 구멍이 두 개 더 있어"라고 딴지를 거는 목소리가 들리는 것 같다. "입만이 아니라 콧구멍도 있잖아" 하고 말이다.

날카롭지만 아섭다. 숨 쉬는 데 쓰이는 구멍은 토폴로지 변환에서는 도넛이 아니라 공 종류에 속한다.

입구와 출구가 같다는 것은 토폴로지 변환에서 보자면 그냥 공의 한쪽을 눌러 구덩이처럼 움푹 파이게 한 것에 불과하기 때문이다. 그런 점에서 콧구멍은 실은 구멍이 아니라 구덩이라고 봐야 한다. 코로 들어간 공기는 '허파'라는 공기주머니에 부딪치고는, 다시 코를 통해 밖으로 나가기 때문이다. 즉 입구와 출구가 같은 것이다.

다시 말하건대 공기가 통과하는 길은 토폴로지 변환에서 보자면 구덩이일 뿐이며, 그런 점에서 공의 일종이다.

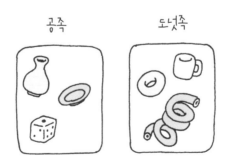

공족　　　　　도넛족

정상과 비정상

공기가 지나가는 길은 구덩이이고, 음식물이 지나가는 길은 구멍이라고 했다. 이 둘의 차이를 다른 각도에서 생각해보자. 음식물도 입으로 들어가서 입으로 나오는 경우가 있다. 그 점에 대해서는 어떻게 설명할 것인가. 걱정할 거 없다. 그것은 통상적인 일이 아니기 때문에 거론하지 않은 것이다.

어렵게 말하자면 통상적인 경우를 '정상', 통상적이지 않은 경우를 '비정상'이라고 표현한다. 입으로 들어간 음식물이 다시 입으로 나오는 것을 '구토'라고 하는데, 구토란 비정상 사태다. 모름지기 '소화'라는 것은 입구와 출구가 달라야 '정상'이다.

비정상 사태는 토폴로지 변환의 고려 대상이 되지 않는다.

꿀꺽
꿀꺽

정상

풋

비정상

아파트와 닮은 몸

몸에는 벽이 있다. 그 점에서는 아파트와 닮았다. 몸의 벽을 표피라고 한다.

아파트의 벽에는 '외벽'과 '내벽'이 있는데, 실은 몸의 표피에도 그런 것이 있다. 몸의 표피 중에서도 누구나 만질 수 있는 아파트 '외벽'에 해당하는 부분을 '피부'라고 부른다. 한편 외부 사람은 만질 수 없는, 아파트 '내벽'에 해당하는 것이 소화관의 표면이다. 소화관의 표면은 '점막'이라고 부른다. '점막'은 구멍 뚫린 막대어묵에 비추어 말하자면 구멍을 둘러싼 표면에 해당한다. 소화관의 표면, 즉 점막은 손으로 직접 만질 수 없지만, 밖에서 들어간 음식물이 통과하면서 닿게 되는 면이다.

요약하면 '표피＝피부＋점막'이라는 등식이 성립하며, 피부는 아파트의 외벽, 점막은 밖에서는 보이지 않는 아파트 안쪽에 통로를 따라 있는 내벽인 셈이다.

몸의 표면적은 16,000cm^2, 한 변이 대략 125cm인 정사각형의 넓이와 같다.

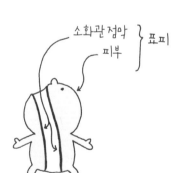

소화관 점막 ⎫
피부 ⎭ 표피

문을 통해 바깥세상과 소통한다

아파트 내부로 들어가려면 어딘가의 벽을 부숴야 한다.

아파트를 정상으로 유지하기 위해서는 주민, 외부 손님, 매뉴얼대로 일하는 성실한 관리인, 그리고 먹을 수 있는 물과 음식도 드나들 수 있게 해야 한다. 하지만 사람이나 물건이 드나들 때마다 벽을 부수게 되면 건물이 유지되지 않는다. 그렇기 때문에 필요한 것이 출입구, 즉 문이다. 문을 만들었다고 아무나 들어올 수는 없는 법, 그렇게 되면 아파트가 제대로 유지될 수 없다. 때문에 주민이 초대한 손님만을 안으로 들이기 위해서는 출입문의 열쇠나 암호가 필요하다.

몸에 대해서도 같은 말을 할 수 있다. 몸에 들어오지 않으면 문제가 생기는 것이 있는데, 산소, 영양소, 그리고 물이 바로 그것이다.

몸의 문은 몇 곳에 분포해 있다. 몸의 문은 아주 작아서 조직(일정한 기능을 가진 세포의 모임)과 모세혈관으로 되어 있다. 그리고 각각의 문마다 들어올 수 있는 것이 정해져 있다. 입이나 항문은 외부의 물질이 통과해 지나가는 구멍이지 외부의 물질이 몸 안으로 들어오는 입구가 아니라는 점에 주의해야 한다. 입에서 목구멍, 위, 소장, 대장으로 이어지는, 음식물이 지나가는 공간은 몸의 내부가 아니라 외부다.

들어갈 수 없어……

몸의 출입구, 모세혈관

몸의 출입구는 대개 '모세혈관'이라는, 가는 혈관으로 되어 있다.

모세혈관은 혈관 벽이 얇아서 외부의 물질이 몸 안으로 드나들 수 있다. 예를 들어 공기 중의 산소는 모세혈관을 통해 몸으로 들어와 혈관 내의 혈액에 녹아든다. 소화 흡수된 영양소도 모세혈관을 통해 몸으로 들어와 혈액에 녹아든다. 혈액의 노폐물은 콩팥에서 여과된 다음 모세혈관을 통해 방광에 저장되어 있다가 몸 밖으로 배출된다. 이러한 작은 문으로 드나들 수 있는 것은 작은 물질뿐이며, 각각의 물질들은 자신이 드나드는 문에 맞는 구조로 되어 있다.

이러한 일은 굵은 혈관에서는 일어나지 않는다. 가령 모세혈관은 천으로 만들어진 관으로, 혈관 내의 액체는 혈관 밖으로 배어나가고, 거꾸로 혈관 밖 물질은 천에 스며들어 혈관 속으로 배어 들어온다. 굵은 혈관은 두꺼운 천이 5중, 6중으로 겹쳐져 있고 중간에는 '근육층'이라는 비닐 시트까지 들어 있어서 물질이 스며들거나 스며나가지 않는다. 이렇게 혈관은 굵기에 따라서 하는 일이 전혀 다르다.

산소는 허파의 최소기능 단위인 허파꽈리(폐포)의 모세혈관을 통해 몸을 드나든다. 영양소는 소장 점막 표면에 있는 모세혈관을 통해서 혈액 속으로 녹아 들어온다. 세포에서 혈액으로 배출되는 노폐물은 모세혈관의 일종인 사구체에서 여과된다.

이처럼 바깥 세계와 출입하는 일에는 모두 모세혈관이 관계되어 있다.

모세혈관과 바깥 세계의 접촉

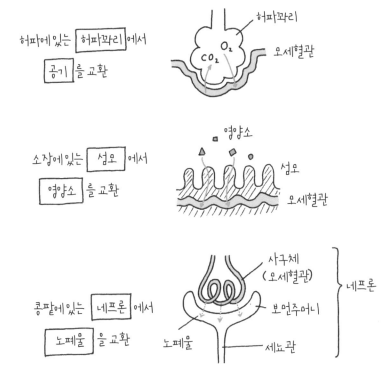

허파에 있는 허파꽈리에서
공기를 교환

허파꽈리
O_2
CO_2
오세혈관

소장에 있는 섬모에서
영양소를 교환

영양소
섬모
오세혈관

콩팥에 있는 네프론에서
노폐물을 교환

사구체
(오세혈관)
보먼주머니
노폐물
세뇨관
네프론

음식물 '소화'

음식물은 소화관 속에서 영양소의 최소 단위로 분해된다. 이를 '소화'라고 한다. 영양소는 사람이 활동하는 데 필요한 휘발유 역할을 하거나 몸을 만드는 부품이 되거나 한다. 영양소가 드나드는 문은 소화관 점막 가득 빽빽이 설치되어 있다.

영양소에는 탄수화물, 단백질, 지방 이렇게 세 가지 종류가 있다.

탄수화물은 최종적으로 단당류로 분해되어 소화된다. 단당류의 대표는 포도당이다. 단백질은 아미노산으로, 지방은 지방산으로 분해된다(33쪽 참고). 단당류와 아미노산은 모세혈관에서 문맥으로 들어가 간에 저장된다. 지방산은 림프관으로 이동했다가 직접 온몸으로 배달된다.

음식물은 십이지장(샘창자)에서 분비되는 소화액에 의해 분해되어

'호흡'

스읍

라면 냄새를
받아들입니다.

3종의 영양소로 몸에 흡수된다. 예외는 두 가지. 침에 섞여 있는 아밀라아제에 의해 분해되는 탄수화물과 위액의 펩신에 의해 분해되는 단백질이다. 이에 대해서는 소화 기계통 부분에서 다시 보도록 하겠다.

공기 '호흡'

공기 중의 산소는 영양소를 태워서 에너지를 얻는 데 필요하다. 몸은 산소를 받아들여 영양소를 태운 다음 찌꺼기인 이산화탄소를 배출한다. 이것을 '호흡'이라고 한다.

쓰레기 '배설'

받아들인 음식물 중에서 몸에 필요한 부분을 취하고, 나머지는 밖으로 내놓는다. 이것을 '배설'이라고 한다.

음식물 중 소화되지 않은 것은 몸을 통과해 마지막으로 항문에서 대변으로 배출된다.

음식물 중 소화되어 체내 대사 과정에 사용된 영양소는 노폐물을 발생시킨다. 이 노폐물은 혈액을 타고 콩팥에 와서 걸러진다. 콩팥은 그 노폐물을 대장을 통해 흡수된 수분에 녹여 방광으로 내보낸 다음 오줌으로 나가게 한다.

들어가는 것 → 입구 → 들어가는 장소 → 출구

■ 공기 ——— 코와 입— 허파(허파꽈리) ——— 코와 입

■ 음식 ——— 입 ——— 소장(점막) ——— 항문(대변)

■ 수분 ——— 입 ——— 대장(점막) → 혈관

⎾ ①피부(땀)

⎿ ②콩팥 → 방광(오줌)

몸의 벽이 파손되었을 때 '출혈'

몸의 벽이 무너져 못 쓰게 되면 어떻게 될까?

이에 대한 답을 알기 위해서는 몸이 무엇으로 채워져 있는지를 알 아야 한다.

답은 물. 정확히는 수분의 동료인 '혈액과 림프액'이다.

몸의 벽이 문이 아닌 곳에서 뚫리면, 즉 파손되면 피가 나온다.

이것을 '출혈'이라고 부른다. 출혈은 몸의 비정상 사태다.

코를 후비었더니

비정상 사태가
발생했습니다.

아파트에서
피가
멈추지 않습니다!!

몸의 유지에 필요한 시스템 '혈관'과 '신경'

아파트 유지를 위해 건물 전체에 빙빙 둘러쳐야 하는 것이 있다.

바로 전선과 수도관이다.

아파트에는 물을 통과시키는 수도관과 전기를 통과시키는 전선이 깔려 있는데, 그것들은 대개 기둥이나 벽 안에 있다.

사람의 몸에서는,

○ 수도관에 해당하는 것이 '혈관'

○ 전선에 해당하는 것이 '신경'

수도와 전기가 없으면 아파트 주민이 살아갈 수 없듯이 혈관과 신경이 작동하지 않으면, 사람의 몸은 기능을 유지할 수 없다.

침입자에 대한 대응 '면역'

아파트에 들어오는 사람들 중에 꼭 좋은 사람만 있는 것은 아니다. 나쁜 사람, 예를 들어 도둑도 있다.

어떻게 하면 좋을까? 그때는 경비원이 막아주면 된다.

몸의 경비원을 '면역시스템'이라고 한다.

면역시스템은 몸에 해가 되는 것을 해치운다. 수상한 사람이 아파트에 들어오려 하면 경비원이 못 들어오게 하는 것과 마찬가지로 말이다.

면역은 자신의 몸은 공격하지 않는다. 수상한 사람은 물리치지만 주민이 출입할 때는 가만히 있다. 그것을 전문용어로 '자기관용self tolerence'이라고 한다.

당신은
수상한 사람입니까?

글쎄 어떨까요?

여기까지 읽어오면서 설명이 너무 대충대충 아니냐, 하고 불안감을 느꼈을지 모르겠다.

이 책은 대충대충 이해하기 위한 책이라는 사실을 잊지 말기를!

좀 더 자세히 알고 싶어지면, 스스로 관련된 의학책을 찾아보기 바란다. 공부할 책을 스스로 찾는 것도 훌륭한 공부법 중의 하나다.

만약 당신이 집이라면

위치가 어디야?

OO동이야.
귀엽지? 이 문.

화장실은 서양식?
재래식?

······글쎄······

욕실은
어디 있어?

······몰라······

자기 내부가 어떤지
모르다니 이상하지 않아?

아,
굉장해!

나, 바닥 난방이 돼!

제2장

몸의 구분

몸속 장기를 머릿속에 넣기 위해 해야 할 일은 몸을 분해하여, 같은 성격의 것들끼리 한데 묶은 다음, 각각을 더욱 세부적으로 분해해보는 것이다. 몸을 분해하는 방식에는 여러 가지가 있으며, 분해하는 방식에 따라 몸이 보이는 방식도 달라진다. 어떤 방식으로 분해해도 다시 조립하면 처음과 같은 몸으로 돌아간다.

A. 부위별— 눈에 보이는 위치로 나눈다

B. 기능별 1— 뼈와 근육

C. 기능별 2— 내장 기관

몸의 구분.
나도 생각해봤습니다!

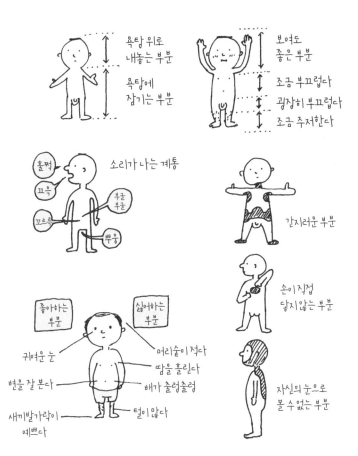

욕탕 위로
내놓는 부분

욕탕에
잠기는 부분

보여도
좋은 부분

조금 부끄럽다

굉장히 부끄럽다

조금 주저한다

홀쩍

끄윽

부글부글

꼬르륵

뿌웅

소리가 나는 계통

간지러운 부분

손이 직접
닿지 않는 부분

좋아하는 부분

싫어하는 부분

귀여운 눈

변을 잘 본다

새끼발가락이
예쁘다

머리숱이 적다

땀을 흘린다

배가 출렁출렁

털이 많다

자신의 눈으로
볼 수 없는 부분

부위별 — 눈에 보이는 위치로 나눈다

(1) 머리

(2) 목

(3) 몸통

(4) 팔다리

팔다리 이외의 부위는 물건을 넣는 상자나 뭔가가 지나가는 통로 구실을 한다.

예를 들어 입. 입은 공기와 음식물이 지나가는 길이다. 그러므로 입은 기본적으로 공간이다. 정확하게 표현하면 '구강'이라고 한다.

앞에서도 공부했지만, '강'이란 몸 내부의 공간을 가리키는 전문 용어다.

그리고 팔다리는 물건을 운반하거나 혹은 자신의 몸을 운반한다.

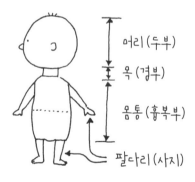

어리(두부)

목(경부)

몸통(흉복부)

팔다리(사지)

가장 먼저 머리, 몸통(가슴과 배)에 들어 있는 큰 장기 삼 형제를 살펴두자.

■ 머리 삼 형제 ─ 대뇌 · 소뇌 · 뇌간

■ 가슴 삼 형제 ─ 심장 · 허파 · 식도

■ 배 삼 형제 ─ 간 · 소화관(위, 소장, 대장) · 콩팥

이 세 부분의 장기 삼 형제들을 기억하면, 대략적으로 쉽게 이해할 수 있다.

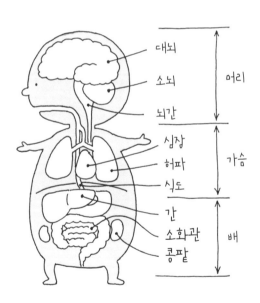

(1) 머리(두부)

머리 위쪽 절반은 '뇌'가 들어 있는 상자.

뇌에는 대뇌와 소뇌가 있다. 거기서부터 꼬리처럼 척수가 나와서 가슴과 배쪽으로 뻗어간다.

머리 아래 반은 공기와 음식물이 지나가는 길, 비강(코)과 구강(입)이다. 비강은 공기가 지나간다. 구강은 공기와 음식물이 모두 지나간다.

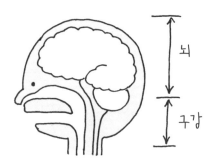

(2) 목(경부)

목의 역할은 머리와 몸을 잇는 통로, 소위 파이프라인이다.

기도	코와 허파를 잇는 길	공기가 지나간다.
식도	입과 위를 잇는 길	음식물이 지나간다.
목뼈	머리뼈를 지탱하는 뼈	신경(전기)이 지나간다.

(3) 몸통(흉부+복부)

몸통은 장기가 들어 있는 상자이며, 흉복부 혹은 가슴과 배라고도 부른다.

몸통은, 위쪽은 갈비뼈(늑골)로 구성된 흉곽, 아래쪽은 골반, 그리고 이 둘을 잇는 대들보인 척추로 되어 있다. 가슴과 배의 경계선은 가로막(횡격막)이다.

가슴(흉부)에는 심장, 허파, 식도라는 세 종류의 장기가 있다. 물론 서로 기능이 다르다.

가장 큰 장기가 허파, 그다음으로 큰 것이 심장, 그리고 짧고 작은 관이 식도다.

배(복부)에서 가장 큰 장기는 간이지만, 차지하는 부피로 보자면 소장이 가장 크다. 소장은 가늘고 길기 때문에 크다는 느낌은 들지 않는다. 대장이 복부 바깥 부분을 둘러싸고 있다.

배 속의 장기는 '복막'이라는 주머니 안에 들어 있다. 일부 장기는 복막의 바깥쪽에 있다. 그것들을 전문용어로 '후복막장기'라고 한다. 실제로는 '바깥쪽'에 있는 것인데 '후後'라고 하는 것은 어법상 정확하다고 할 수 없지만, 관례이므로 일단 여기서는 그대로 쓰겠다.

'후복막장기' 중에 등쪽에 있는 것이 췌장, 십이지장, 콩팥이며, 아래쪽에 있는 것이 방광과 자궁이다. 이 다섯 장기 이외 모든 장기는 '복막'이라는 주머니 안에 들어가 있다.

(4) 팔다리(사지)

  여기서 팔다리란 두 팔(두 손 포함)과 두 다리(두 발 포함)를 이르는
말. 팔뼈와 다리뼈 각각 끝에 근육이 붙어서 손과 발을 만들고, 손과
발은 물건이나 자신의 몸을 나르고 옮긴다. 뼈와 뼈를 연결하는 부분
을 관절이라고 부른다. 근육은 두 뼈와 접착하여 늘어나거나 줄어들
거나 하면서 뼈를 움직인다. 팔의 말단부에는 물건을 나르는 손이 연
결되고, 다리의 말단부에는 자신의 몸을 나르는 발이 연결된다. 몸의
중심부에서 말단부로 연결되는 골격구조는 팔과 다리가 구별이 안 될
정도로 똑 닮았다.

              말단   →   중심

■ **손**   손가락 → 손목(손관절) → 아래팔(전완) → 팔꿈치
          → 위팔(상완) → 어깨관절

■ **발**   발가락 → 발목(발목관절) → 종아리(하퇴)
          → 무릎(무릎관절) → 넙다리(대퇴) → 고관절

팔과 다리의 골격은 이렇게 비슷한 부분이 많지만, 다른 점도 있다. 몸통과 연결되는 관절을 보면, 다리와 몸통을 연결하는 부분에서는 골반뼈의 고관절에 다리뼈가 직접 끼워져 들어가는데, 팔과 몸통을 연결하는 부분에서는 가슴 바깥쪽에 위치한, 갈비뼈의 변종인 빗장뼈(전면)와 어깨뼈(후면) 두 뼈에 어깨관절이 형성되어 그 안으로 팔뼈가 껴 들어간다.

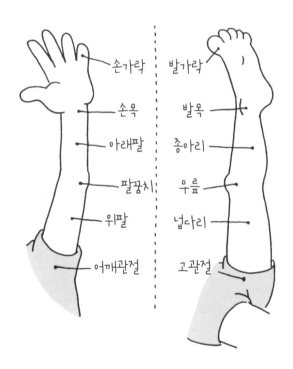

손가락　발가락
손목　발목
아래팔　종아리
팔꿈치　무릎
위팔　넙다리
어깨관절　고관절

기능별 1—뼈와 근육

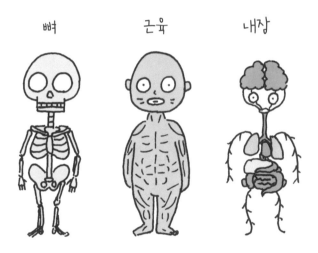

뼈   근육   내장

(1) 골격계

뼈는 딱딱해 구부러지지 않기 때문에 강한 힘이 가해지면 부러진다. 이를 '골절'이라고 한다.

뼈와 뼈를 잇는 부분은 '관절'이라고 한다. 관절은 구부러진다. 이것을 전문용어로 '가동성可動性이 있다'고 한다.

뼈는 아파트로 말하자면, 기둥과 벽에 해당된다.

참고로 뼈의 중심 부분에는 '골수'라 불리는 것이 있다. 숭숭 구멍 난 철근 같은 구조로 되어 있고, 구멍 난 부분에는 혈액 생산 공장이 들어서 있다.

뼈는 크고 작은 여러 가지 형태로 되어 있으며, 사람의 몸에는 208종류의 뼈가 있다.

예를 들어 흉복부의 뼈는

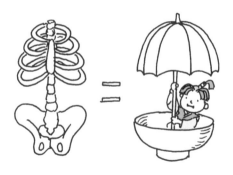

갈비뼈와 골반으로 그 안의
내장을 보호한다.

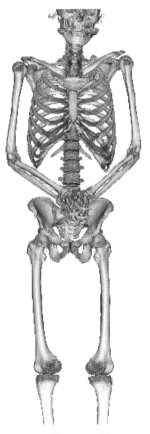

전신골격(CT 3D 재구성)

뼈의 종류와 수

뼈는 대략적으로 다음 5계통으로 나뉜다.

① 머리뼈(머리의 형태를 만든다)

② 척추뼈(목에서부터 등뼈까지의 부분, 몸의 대들보)

③ 갈비뼈(흉부의 외벽)

④ 골반(복부의 외벽)

⑤ 팔다리뼈(팔다리를 지탱한다)

(2) 근육계

근육은 부드럽고, 늘어나거나 줄어들거나 한다.

대개는 이웃한 두 뼈를 잇고 있다. 뼈와 뼈가 연결되는 부분을 '관절'이라고 하는데, 근육이 수축하면 관절 부분에서 뼈가 움직이게 된다.

몸을 움직일 때, 물건을 움직이게 할 때, 근육은 반드시 '수축한다'.

표현을 바꾸면 '근육이 수축하지 않으면 몸은 움직이지 않는다'.

수의근과 불수의근

근육에는 사람의 의지에 따라 움직이는 '수의근'과 의지대로 움직일 수 없는 '불수의근'이 있다.

'수의근'은 주로 손발을 움직이는 근육이고, '골격근'이라고도 부른다. 우리가 일반적으로 근육이라고 생각하는 것이다. 운동신경이 지배하며, 움직임은 빠르다. 근육을 수축시키는 성분인 '미오글로빈'이 많아서 붉은 기를 띠고 있다. '속근速筋'이라고도 한다.

'불수의근'은 사람의 의지로는 움직일 수 없는 근육이다. 주로 내장 벽에 있는 근육이라서 '내장근'이라고도 불린다. 내장근의 움직임은 한가롭다. 내장이 왕성하게 움직여봤자 그 움직임의 크기가 제한되어 있으니 한가로울 수밖에 없을 것이다. 자율신경이 지배하고 있고, 힘은 약하지만 지구력이 있다. 별명은 '지근遲筋'이다.

가로무늬근육과 민무늬근육

현미경에 나타나는 모양에 따라 근육을 나누는 방법도 있다. 현미경으로 보았을 때 근육의 표면에 줄무늬가 있는 것을 '가로무늬근육(횡문근)'이라고 한다. 이에 비해 흰빛을 띠고 편편한 것은 '민무늬근육(평활근)'이다.

여기서 민무늬근육은 곧 불수의근이라는 원칙이 있다.

한편, 거의 대부분의 가로무늬근육은 수의근이지만 예외가 하나 있다. 바로 심장의 근육, 즉 심근이다. 심장 근육은 '가로무늬근육'인데도 '불수의근'이다.

어?&& 그럼
심장이라든가 내장은
다른 누군가의
의지대로 움직이는
건가요&&

으---음.

그걸 알면
노벨상 감이지.

■ 골격근＝가로무늬근육(속근)＝뜻대로 움직인다(수의근)

■ 내장근＝민무늬근육(지근)＝뜻대로 움직이지 않는다(불수의근)

■ 심근＝가로무늬근육(속근)＝뜻대로 움직이지 않는다(불수의근)

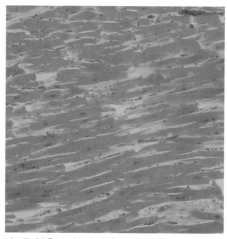

가로무늬근육: 수의근과 심장(현미경 사진)

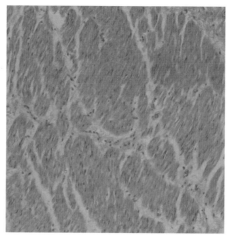

민무늬근육: 심장을 뺀 불수의근(현미경 사진)

(3) 내장계

　한마디로 정리하자면, 뼈와 살로 내용물(내장)이 담길 용기를 만들고, 손발을 이용해 그것을 나르는 거라고 말할 수 있다. 내장에 대해서는 다음 장(기능별 2)에서 다시 상세히 설명하겠다.

태어났을 때부터
쭈욱 함께하면서
매일 여러 가지
도움을 받지만,
지금까지 한 번도 본 적도
만진 적도 없는 것,
그게 뭐—게?

만진 적
없다아!

본 적
없다아!

잘
오른다아!

🔲 기능별 2―내장 기관

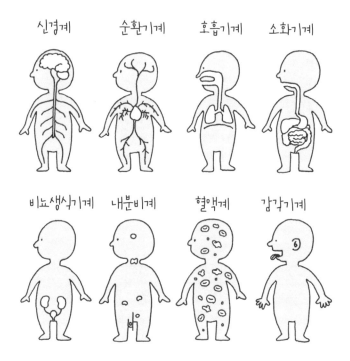

신경계   순환기계   호흡기계   소화기계

비뇨생식기계   내분비계   혈액계   감각기계

(1) 신경계

신경계는 '중추신경'과 '말초신경'으로 이루어져 있다.

중추신경은 '경막硬膜'이라는 두껍고 튼튼한 섬유질 막으로 싸여 있는 장기로, '대뇌+소뇌+뇌간+척수'로 되어 있다.

말초신경은 온몸에 둘러쳐진 네트워크로 두 종류가 있다.

①운동신경: 뇌에서 근육으로 운동 명령을 전달한다.

②감각신경: 몸에서 뇌로 감각 정보를 전달한다.

운동 명령은 대뇌나 소뇌의 중추신경에서 나와 척수로 간 다음, 척수에서 연결되는 말초신경을 통해 근육으로 전달되는 일종의 전기신호다. 이 신호는 근육을 수축시킨다.

감각 정보는 몸 표면의 감각기로 받아들인 자극(피부감각인 온각, 통각, 촉각, 압각, 특수감각인 미각이나 청각 등)이 전기신호로 전환되어 감각신경을 통해 척수를 통과하여 대뇌로 전달되며, 대뇌가 그 신호를 해석한다.

전기신호가 통과할 때 그 사이에 있는 각각의 신경세포가 전기적으로 활성화하여 릴레이식으로 정보를 전달한다. 릴레이를 할 때 전기신호를 주고받는 신경세포 사이의 접속부분을 '시냅스'라고 부른다. 시냅스에서는 화학물질을 이용하여 전기신호를 전달한다.

신경이 전기신호를 전하는 속도는 가장 빠른 경우 초속 120m 정도라고 알려져 있다.

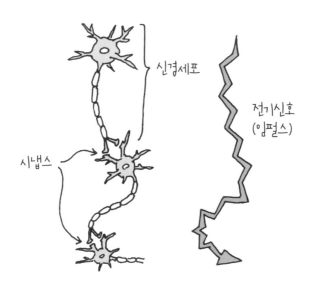

신경세포

시냅스

전기신호
(임펄스)

콩

응?

전달되는 속도가
여유로운 사람도
있습니다.

(2) 순환기계

순환기계는 혈액을 전신에 보내는 기능을 한다. '혈액펌프인 심장'과 '혈액의 통로인 혈관'으로 구성된다.

혈액은 영양소와 산소를 세포로 전달하고, 세포에서 노폐물과 이산화탄소를 받아서 밖으로 운반한다. 그 교환은 모세혈관에서 진행된다.

심장은 두 개의 펌프가 좌우로 나란히 서 있는 구조로 되어 있다. 심장에서 나오는 혈관은 동맥, 심장으로 들어가는 혈관은 정맥이다. 오른쪽 펌프는 작고 왼쪽 펌프는 크다. 오른쪽의 작은 펌프에서 나오는 동맥은 온몸에서 이산화탄소를 받아온 피를 허파로 보내어 산소와 교환하고(이것을 소순환계라고 한다), 왼쪽의 큰 펌프에서 나오는 동맥은 산소를 받아온 피를 온몸으로 보낸다(이것을 대순환계라고 한다).

혈액은 대순환계를 통해 온몸의 조직으로 영양과 산소를 공급하고(동맥), 노폐물과 이산화탄소를 수거하여 돌아온다(정맥).

혈액은 소순환계에서 허파(허파꽈리)로부터 산소를 공급받고, 이산화탄소를 배출한다.

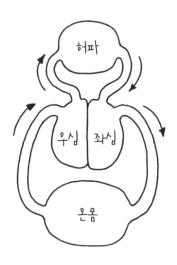

허파

우심   좌심

온몸

좌우는 자신의 팔다리 방향에 따른 표기, 즉 왼팔 방향으로 있으면 좌, 오른팔 방향으로 있으면 우. (25쪽)

심장의 구조는 오요해요
누가 생각했어요?
이거.

응.
좋은 질문인데요

(3) 호흡기계

　　호흡기계는 '허파꽈리'라는 수많은 작은 주머니를 담고 있는 '허파'
와, 외부의 공기와 허파를 연결해주는 관인 '기관'으로 이뤄진다. 허
파의 최소 단위인 허파꽈리는 한편으로 적혈구(혈액의 구성 요소 중
하나)에 산소를 건네주고, 다른 한편으로 적혈구로부터 이산화탄소
를 건네받아서 외부로 배출한다. 산소를 공급받은 적혈구가 온몸으
로 산소를 나른다. 산소는 영양소를 연소시켜서 몸에 에너지를 공급
하는 데 필요하다.

　　입과 코로 들어간 공기는 기관을 지나 기관지(기관이 갈라져 나온 부
분)에서 양쪽 허파에 다다른다. 기관의 입구에 성대가 있다. 성대는
양 날개처럼 배치된 두 개의 인대로 되어 있는데, 이 인대가 마치 악
기의 리드처럼 떨리면서 소리가 나온다.

왜 허파쪽으로는
음식물이 들어가지 않나요?

식도와 기도는
어떻게 나눠져 있나요?

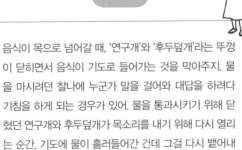

음식이 목으로 넘어갈 때, '연구개'와 '후두덮개'라는 뚜껑
이 닫히면서 음식이 기도로 들어가는 것을 막아주지. 물
을 마시려던 찰나에 누군가 말을 걸어와 대답을 하려다
기침을 하게 되는 경우가 있어. 물을 통과시키기 위해 닫
혔던 연구개와 후두덮개가 목소리를 내기 위해 다시 열리
는 순간, 기도에 물이 흘러들어간 건데 그걸 다시 뱉어내
려고 기침을 하는 것이지.

(4) 소화기계

소화기계에는 음식물을 통과시키면서 영양소를 흡수하는 소화관 (대롱)과 소화액을 생산하는 실질 장기(덩어리)가 있다.

소화는 음식물을 세 종류의 영양소(탄수화물, 단백질, 지방)로 분해 하여 흡수하는 활동이다.

| **분해** | → | **흡수** |

■ 탄수화물 ── 단당류(포도당) ── 모세혈관 ── 문맥 ── 간
■ 단백질 ── 아미노산 ──────── 모세혈관 ── 문맥 ── 간
■ 지방 - 지방산＋트리글리세라이드 ── 림프관 ────── 온몸

입으로 들어간 음식물은 간과 췌장에서 만들어져 십이지장으로 분 비되는 소화액에 의해 3대 영양소로 분해, 흡수된다. 이것을 소화라 고 한다.

【예외】탄수화물은 2단계를 거쳐서 소화된다. 탄수화물은 당류의 최소 단위인 단당류로 이어져 있는 영양소다. 침 속의 아밀라아제에 의해 다당류가 이당류로 분해되고, 그 이당류는 췌액인 말타아제, 수 크라아제에 의해 단당류로 분해된다.

단백질은 위에서 만들어지는 펩신으로 분해가 시작된다.

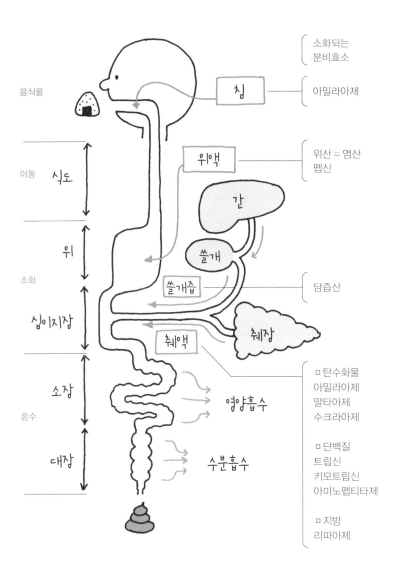

소화되는
분비효소

침 — 아밀라아제

음식물

이동   식도

위액 — 위산 = 염산
            펩신

간

쓸개

소화   쓸개즙 — 담즙산

십이지장

췌액

췌장

소장 — □ 탄수화물
          아밀라아제
          말타아제
          수크라아제

흡수   영양흡수

대장   수분흡수   □ 단백질
                              트립신
                              키모트립신
                              아미노펩티다제

                              □ 지방
                              리파아제

(5) 비뇨생식기계

●비뇨기 —— 오줌 여과장치

비뇨기는 오줌을 생산하는 기관인 콩팥과 오줌을 모아두는 방광으로 구성된다.

좌우 콩팥의 마이크로여과장치인 사구체(모세혈관의 일종)와 그것을 싸고 있는 보먼주머니가 혈액이 통과할 때 노폐물을 걸러낸다. 콩팥의 여과 기능을 수행하는 이 최소 단위를 '네프론'이라 하며, 좌우 콩팥에 각각 100만~150만 개가 있다. 걸러내진 노폐물은 세뇨관(요세관)에서 물과 섞이면서 신우(콩팥 깔때기)에 모였다가 요관(오줌관)을 거쳐 방광에 모인다.

방광이 가득 차면 요도를 통해 몸 밖으로 배출된다.

■ 사구체·보먼주머니·세뇨관(네프론) → 신우 → 요관 → 방광

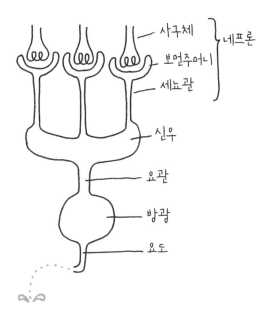

사구체 — 네프론
보먼주머니
세뇨관
신우
요관
방광
요도

● 생식기 —— 아기를 만드는 기관

생식기는 남성의 경우 고환(정소)을, 여성의 경우 난소를 각각 좌우에 한 개씩 두 개 갖고 있다.

【여성】

난소와 자궁, 그것을 잇는 난관으로 구성되어 있다.

한 달에 한 번, 난소에서 난자가 만들어져서 난관을 타고 자궁으로 내려온다. 그때 정자가 자궁으로 들어와 난자를 만나면 수정이 되어 임신이 된다. 난자가 난소에서 자궁으로 내려올 때 호르몬의 작용으로 자궁내막이 푹신푹신한 담요같이 두껍게 만들어지면서 아기를 키울 수 있는 상태가 된다. 그러나 난자와 정자가 만나 수정하지 않으면 호르몬의 균형이 무너져 자궁내막이 떨어져나가게 된다. 이것이 '월경', 즉 생리다. 생리가 없어지는 것은 임신했을 때, 갱년기 이후, 그리고 병이 났을 때다.

【남성】

고환과 전립선, 그리고 그것을 잇는 정관으로 구성되어 있다. 남성의 고환은 태아 때는 여성의 난소와 마찬가지로 배 속에 있다. 이것이 어느 시기에 넓적다리의 연결 부위에 있는 관을 타고 밖으로 나와서 외부에 있는 음낭으로 들어간다. 배 속에 머물지 않고 몸 밖의 음낭으로 나오는 것은 정자가 열에 약하기 때문이라고 한다.

고환이 밖으로 타고 나가는 길을 '서혜鼠蹊' 라고 한다. 고환이 쥐 한자어 鼠의 뜻이 쥐, 음이 서이다. 처럼 보였기 때문에 그렇게 불렸던 듯하다.

(6) 내분비계

호르몬을 분비한다. 내분비계 장기의 크기는 작은 것은 팥, 큰 것은 메추리알 정도 되며, 인체의 여러 곳에 분포해 있다. 내분비계 장기는 혈액 속으로 '호르몬'이라는 신호물질을 내보내어 몸의 기능을 조절한다.

【외분비선】

내분비계와 달리 표피(피부+점막)에 '도관'이라는 관을 통해 몸의 외부로 분비물을 내보내는 기관이다. 내분비선은 직접 혈액 속으로 분비물(호르몬)을 내보낸다.

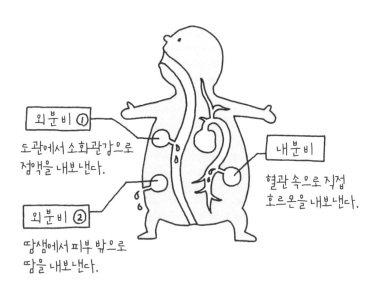

외분비 ①
도관에서 소화관강으로 점액을 내보낸다.

외분비 ②
땀샘에서 피부 밖으로 땀을 내보낸다.

내분비
혈관 속으로 직접 호르몬을 내보낸다.

(7) 혈액계

  몸은 액체로 가득하다. 세포 속에도 물이 포함되어 있다. 그리고 세
포 사이에도 물이 차 있다. 몸속의 물 중 세포와 세포 사이, 즉 조직
사이를 흐르는 물에는 두 종류가 있다.

  혈액과 림프액이다. 양쪽 다 몸의 조직에 영양분을 나르고 노폐물
을 모아서 버린다.

  혈액은 혈관을 통해 흐르고, 림프액은 림프관을 통해 흐른다.

  혈액은 고체 성분인 혈구와 액체 성분인 혈장으로 나뉜다.

(8) 감각기계

외부의 정보를 내부에 전하는 기관으로 신경계의 말단 조직에 해당한다.

외부의 자극은 모두 전기신호로 바뀌어 감각신경을 통해 대뇌로 보내져 그곳에서 해석된다.

모든 감각은 전기신호로 바뀐다.

눈 → 시각   코 → 후각   귀 → 청각   혀 → 미각
피부 → 온각 · 통각 · 촉각 · 압각

빛 →	망막 →	전기신호 →	대뇌후두엽
냄새 →	후신경 →	전기신호 →	대뇌전두엽
소리 →	청신경 →	전기신호 →	대뇌측두엽
맛 →	미뢰 →	전기신호 →	대뇌측두엽
피부 →	감각기 →	전기신호 →	대뇌두정엽

시각 → 귀여워
미각 → 맛있어
후각 → 좋은 냄새
촉각 → 부드러워
청각 → 좋은 노래

각론

이 책의 목적은 최종적으로 '몸의 지도'를 그릴 수 있게 하는 데 있다. 사람의 몸을 자신의 나라라고 생각해보자.

'몸의 지도'를 그릴 수 있게 된다는 것은 자기 나라의 윤곽을 그리고 그 속에 고속도로와 철도를 표시하고, 또한 그것들이 지나가는 시, 도, 군의 지명을 써 넣을 수 있게 되는 것과 같다. 이때 각 지역의 지명과 위치를 기억하는 것도 중요하지만, 지역마다 고유한 특징을 아는 것도 중요하다.

각론의 룰

총론의 마지막 부분에서도 말했지만, 각론에서는 각각의 장기를 총론에서 언급한 룰과 연결해 살펴본다. 그러기 위해서 먼저 몸을 분해하여 큰 장기의 위치를 확인한 후, 각각의 장기를 떼어내 그 기능을 확인한다.

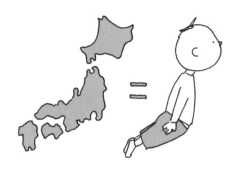

그러고 나서 이렇게 분해해놓은 장기를 다시 원래의 몸속으로 조립해 넣는다. 장기를 원래의 위치에 정확하게 되돌려놓을 수 있어야 비로소 몸의 구조를 이해했다고 할 수 있다.

분해와 조립이 이해의 기본이다.

A. 분해

①분해: 기능 단위로 나누고, 다음으로 장기마다 다시 나눈다.

②장기 사진: CT나 MRI 영상을 3차원으로 재구성한 그림을 살펴본다.

③모형도: 모형 그림을 통해 구조를 설명한다.

④현미경: 확대해 봤을 때 어떻게 보이는지 살펴본다.

⑤발생: 장기가 어떤 과정을 거쳐 만들어졌나를 알아본다.

B. 조립

①장기를 기능 단위로 다시 연결해본다.

②각 기능 단위를 제 위치로 조립해 넣는다.

마지막으로, 장기의 크기를 짐작하는 데 도움이 될 수 있도록 장기 각각의 무게나 길이는 대략적인 숫자로 표시해놓았다.

제1장

장기 분해

🔓 머리

머리에는 신경계의 장기가 모여 있다. 머리의 아래쪽 절반에는 공기와 음식물의 통로인 구강이 있다.

신경계— 중추신경인 대뇌, 소뇌, 뇌간
소화기계 · 호흡기계— 구강

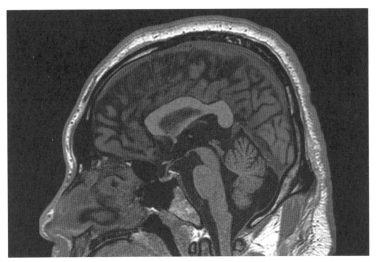

머리(MRI 영상)

가론 . 93

신경계

대뇌 무게 1200g

대뇌는 정보해석 센터와 명령발신 센터의 기능을 한다.

마음이 있는 곳이라 하지만 아직 파악되지 않은 기능도 많이 있다.

대뇌가 하는 일은 크게 두 가지로 나뉜다.

①감각: 외부의 정보를 받아들여 해석하는 부분

②운동: 신체를 움직이는 명령을 내보내는 부분

①의 기능 중 특히 고차원의 것을 '생각'이라고 부른다.

대뇌 표면에는 고랑 주름진 모양의 대뇌 표면에서 돌출된 부위를 이랑gyrus, 아래로 파인 부위를 고랑sulcus이라고 한다. 이라고 하는 주름이 있다. 주름에 의해 표면적이 넓어지게 만들어졌다. 주름을 펼치면 표면적은 2,000cm²로, 신문지 한 장의 넓이가 된다.

대뇌는 좌우 두 개의 반구로 나뉘어 있다. 즉 왼쪽 대뇌반구와 오른쪽 대뇌반구로 말이다. 대뇌 좌우 반구와는 별도로 대뇌를 네 개의 부분으로도 나눌 수 있다. 각각은 다음과 같은 기능을 한다.

①전두엽: 운동 영역이 있다. 생각을 한다. 생각해서 움직인다.

②측두엽: 청각 영역이 있다. 소리를 듣는다. 기억에 관계된다.

③두정엽: 체감각 영역이 있다. 감각과 운동을 관장한다. 촉각과 공간 정보를 받아들인다.

④후두엽: 시각 영역이 있다. 사물을 본다.

대뇌 기능은 치우쳐 있다

대뇌의 우반구는 몸의 왼쪽을, 좌반구는 몸의 오른쪽을 지배한다. 즉 양쪽 반구에서 나온 신경섬유가 중간에 서로 엇갈려서 반대쪽 방향으로 연결되고 있다는 이야기다.

양쪽 반구는 대뇌 한가운데 '뇌량'이라는 부분을 통해 서로 연락을 취하기는 하지만, 그 기능이 좌우 대칭적이지는 않다. 언어 기능과 행위 기능은 좌반구에, 시각 · 공간의 인지기능은 우반구에 있다. 이렇게 특정 기능이 대뇌의 어느 한쪽에 치우쳐 있는 것을 '대뇌 기능의 편재'라고 한다. 이렇게 편재된 뇌의 기능 영역을 브로드만Korbinian Brodmann이 52개의 영역으로 분류, 1909년에 '브로드만의 뇌지도'를 만들었다.

대뇌피질은 세 개로 나뉜다. 운동 영역과 감각 영역, 그리고 두 영역의 교량 역할을 해주는 연합 영역이다.

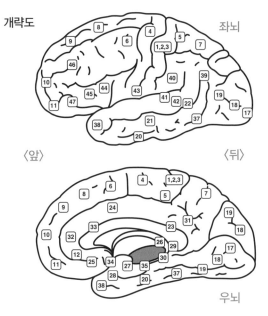

개략도 좌뇌

〈앞〉 〈뒤〉

우뇌

브로드만의 뇌지도

제1차 체감각 영역	1,2,3
제1차 운동 영역	4 6
제2차 운동 영역	6
눈의 운동	8
시각 영역	17 18 19
감각성 언어중추	22 41 42
미각 영역	43
운동성 언어중추	44 45
전두연합 영역	8 ~ 12
두정연합 영역	5 7 39 40
후두연합 영역	18 19
측두연합 영역	20 21 22 35 36 37 38

대뇌에 남아 있는 진화의 자국

뇌를 사과같이 잘라보면 껍질과 심이 있다. 껍질 부분을 '대뇌피질 cerebral cortex', 껍질과 심 사이를 '대뇌변연계limbic system', 심을 '대뇌기저핵basal ganglia'이라는 식으로 나눈다.

대뇌피질은 의식적인 운동과 감각을 관장한다. 정신 활동의 대부분이 여기서 이루어진다.

대뇌변연계는 분노, 기쁨 등과 같은 정동情動과 기억을 관장하는 자리다. 여기에는 해마, 유두체, 편도핵이 있다.

대뇌기저핵은 운동의 조절과 관계된다. 꼬리핵caudate nucleus, 피핵putamen(피각), 담창구globus pallidus, 시상하핵, 흑질, 적핵 등이 모여 있다.

진화적 발생 순서를 반영하여 대뇌기저핵을 파충류의 뇌, 대뇌변연계를 포유류의 뇌, 대뇌피질을 영장류의 뇌라고 부른다.

기억에 대하여

사람의 기억은 단기기억과 장기기억으로 나뉜다. 단기기억은 '대뇌변연계'의 해마 주변을 전기신호가 둘러싸고 있는 동안에 유지된다. 그러는 사이에, 대뇌피질 연합 영역의 뇌세포 사이에 그 전기신호의 회로가 만들어지면 장기기억으로 고정된다고 한다.

대뇌는 미식가 중의 왕

대뇌는 무척 사치스러운 기관으로 우리 몸에 흐르는 혈액의 20%를 독점한다. 심장 박동에 의해 동맥으로 공급되는 혈액이 분당 5L라면 그중 1L가 뇌로 흐른다. 대뇌는 그 혈액으로부터 공급되는 포도당과 산소를 몸의 다른 어떤 기관보다도 풍부하게 사용하면서 인간의 정신 활동과 육체 활동을 지배한다. 그런 의미에서 뇌는 취약한 조직이라고도 할 수 있다. 저혈당이 되면 의식을 잃게 된다. 그러므로 뇌에 산소나 영양소가 부족하면 몸의 다른 곳으로 갈 혈액을 뇌에 우선적으로 공급하게끔 되어 있다.

깊은 바닷속으로 잠수하는 스포츠, 프리다이빙 산소통 없이 물속 깊이 들어가는 것 에서는 저산소 상태로 인해 실신한 상태를 '블랙아웃blackout' 이라고 부른다. 또 물속 깊이 들어가 수압으로 인해 신체에 고압이 걸리면, '블러드 시프트blood shift' 라고 하여, 손발의 혈액이 뇌와 허파 등의 중요 기관에 우선적으로 분배된다. 뇌는 가장 우대받는 장기인 셈이다.

더, 더,
가져와줘~♨

어떻게 마음이 대뇌에 있다는 것을 알았을까

①대뇌의 어느 한 부분을 다쳤거나 병으로 대뇌가 망가진 사람을 관찰하면, 감정이나 행동이 이상해졌다는 사실을 확인할 수 있다.

②MRI로 뇌의 혈류 증감을 조사해보면, ①에서 보인 부분의 혈류가 늘어 있거나 줄어 있는 것을 확인할 수 있다.

그러므로 마음은 아마도 대뇌 신경섬유(신경세포에서 뻗어 나온 축삭 등)의 전기활동 속에 있는 것 같다.

대뇌의 신경세포는 약 140억 개가 있다. 그리고 하루 10만 개씩 망가지고 있다고 한다. 신경세포는 한번 망가지면 다시 회복되지 않는다. 그러니까 대뇌의 신경세포는 매일 계속해서 줄고 있는 셈이다. 그래도 우리가 사는 데 별 지장이 없는 것은 신경세포의 수가 굉장히 많은데다가 그것들을 모두 사용하고 있지 않아서일 것이다.

소뇌 무게 100g

소뇌는 세밀한 운동을 관장하는 정보 센터로, 무의식적으로 이루어지는 근육의 움직임을 미세하게 조정한다. 예를 들어 자전거를 탈 때 발로 페달을 밟기 위해서는 다리의 대퇴사두근이나 가자미근, 내전근이나 외전근이 수축·이완되어야 한다. 팔로 핸들을 조정하려면 팔의 위팔이두근, 위팔삼두근, 아래팔근육이 수축·이완되어야 한다. 진행 방향을 확인하기 위해 안구를 움직일 때는 눈동자를 둘러싼 외전근이나 내전근이 수축·이완되어야 한다. 이런 식으로 '자전거를 타기' 위해서는 100종류 이상의 근육이 미세하게 조정되어야 한다. 하지만 우리가 자전거를 탈 때에 일일이 '지금은 대퇴사두근을 수축시킨다', '동시에 ⋯⋯를 수축시킨다'라는 식으로 생각하지 않는다.

우리의 의식 대신 그런 세세한 지시를 정확하게 내려주는 것이 소뇌다. 소뇌를 컴퓨터라고 부르는 이유이기도 하다.

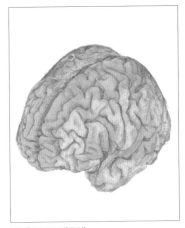

대뇌(MRI 3D 재구성)

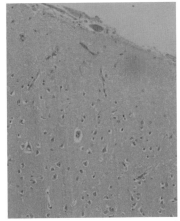

대뇌(현미경 사진)

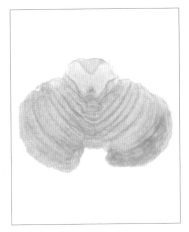

소뇌(MRI 3D 재구성)

소뇌(현미경 사진)

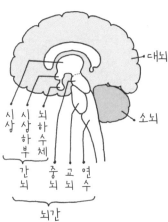

뇌간

뇌간(뇌줄기)은 중요한 생명유지 장치이다. 대뇌 중심부에 있으며, 생명을 유지하는 데 핵심적인 역할을 하는 기능 부위가 모여 있는 대뇌의 일부분이다. 뇌간이 망가지면 많은 경우 즉사한다.

뇌간은 ①간뇌(사이뇌) ②중뇌(중간뇌) ③교뇌(다리뇌) ④연수(숨뇌)로 이루어진다.

대뇌

소뇌

시상
시상하부
뇌하수체
간뇌
중뇌
교뇌
연수

뇌간

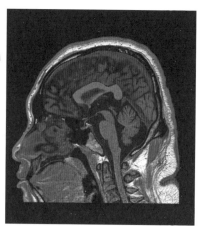

뇌간(MRI 영상)

척수

신경계

척수는 대뇌와 몸을 잇는 신경신호의 통로 역할을 한다.

①감각신경: 외부의 정보를 대뇌로 보낸다.　말초 → 중추

②운동신경: 대뇌의 명령을 근육으로 보낸다.　중추 → 말초

목에서 허리까지 등뼈의 한가운데를 관통하는 공간 속으로 엄지손가락 굵기만 한 신경이 통과한다. 그것이 척수다.

중요한 신호가 지나가는 길이므로, 여기를 다치면 감각을 못 느끼게 되거나 몸을 움직이지 못하게 된다. 때로 즉사하는 일도 있다. 목 부분의 척수는 호흡운동이나 심장 박동을 관장하는 신경이 지나는 곳이므로 이 부분이 고장 나면 호흡이나 심장 박동이 중지될 수 있다.

척수(MRI 영상 화살표 부분)

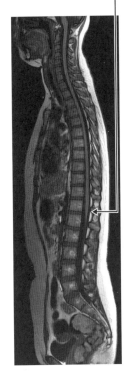

대뇌를 싸는 막

대뇌, 정확히는 대뇌를 포함한 중추신경은 수막이라고 불리는 막으로 둘러싸여 있다. 수막은 안에서부터 차례로 연질막, 거미막, 경질막으로 이루어져 있다(3중 포장이 되어 있는 것).

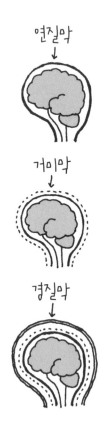

중추신경과 말초신경의 경계

중추신경은 한마디로 '경질막'이라는 막에 싸여 있다. 경질막 안은 '척수액'이라는 액체로 채워져 있다. 죽순을 삶은 것 같은 느낌의 액체다.

"중추신경=대뇌+소뇌+뇌간+척수"다.

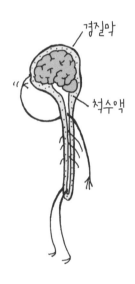

말초신경

경질막에서 밖으로 나온 부분이 말초신경이다. 말초신경 중 머리 부분에 있는 것을 '뇌신경'이라고 하는데, 뇌의 아랫부분에서 나와 척수를 거치지 않고 눈, 혀, 입 등 머리 부분에 퍼져 나와 있다. 이들 신경의 이름은 '뇌신경'이지만 실은 '말초신경'이라는 점에 주의해야 한다.

온몸에 그물처럼 퍼져 있는 말초신경은 감각신경과 운동신경으로 나뉜다. 감각신경 말단은 피부 표면에 있으며, "뜨겁다" "차다" "아프다" 등의 감각을 대뇌로 전달한다. 운동신경의 말단은 근육 안에 있으며, 대뇌에서 근육을 수축하라는 신호를 받아서 근육에 전달한다.

뇌신경=머리 부분의 말초신경

머리에 퍼져 있는 말초신경을 뇌신경이라고 하며 총 12종류가 있다. 12개의 뇌신경은 ①후각신경 ②시각신경 ③눈돌림신경 ④도르래신경 ⑤삼차신경 ⑥갓돌림신경 ⑦안면신경 ⑧청신경(내이신경) ⑨설인신경 ⑩미주신경 ⑪부신경 ⑫설하신경으로 구분할 수 있다.

안구의 움직임과 관련된 신경(③, ④, ⑥)이 세 가지나 있다는 점이 주목된다.

또 뇌신경은 말초신경인만큼 운동신경이나 감각신경의 기능이 있는데, 양쪽의 기능을 모두 갖고 있는 신경도 있다.

〔운동〕운동신경　　　③④⑤⑥⑦　　　⑨⑩⑪⑫
〔감각〕감각신경　①②　　⑤　　⑦　　⑧⑨⑩

이 중 ⑤⑦⑨⑩은 운동신경과 감각신경의 기능을 함께 가진 신경들이다.

뇌신경의 기능

①후각신경　　〔감각〕　후각을 대뇌로 전달

②시각신경　　〔감각〕　시각을 대뇌로 전달

③눈돌림신경 ④도르래신경 ⑥갓돌림신경 〔운동〕 안구운동

⑤삼차신경　　〔운동〕·〔감각〕　음식물을 씹는 저작운동을 하며, 동시에 안면의 감각을 대뇌로 전달

⑦안면신경　　〔운동〕·〔감각〕　혀 앞부분의 미각을 대뇌에 전달하고, 동시에 표정근을 움직인다

⑧청신경　　　〔감각〕　와우신경＝청각, 전정신경＝평형감각

⑨설인신경　　〔운동〕·〔감각〕　혀 뒷부분의 미각을 대뇌에 전달하고, 입안과 식도 사이에 있는 인두부를 움직인다.

⑩미주신경　　〔운동〕·〔감각〕　가슴과 복부 내장의 움직임과 감각을 지배

⑪부신경　　　〔운동〕　목이나 어깨의 운동을 지시

⑫설하신경　　〔운동〕　혀의 운동을 지시

몸통의 말초신경

척추를 따라 내려온 중추신경(척수)에서부터 말초신경이 밖으로 나온다.

목뼈cervix(경추)	목신경(경신경)	8쌍(C1~C8)
등뼈thorax(흉추)	가슴신경(흉신경)	12쌍(Th1~Th12)
허리뼈lumbar(요추)	허리신경(요신경)	5쌍(L1~L5)
엉치뼈sacrum(천추, 천골)	엉치신경(천골신경)	5쌍(S1~S5)
꼬리뼈coccyx(미추)	꼬리신경(미골신경)	1쌍(C0)

여기서 C란 Cervical Spinal Cord(목신경)의 약자로 목뼈는 8쌍, Th는 Thoracic Spinal Cord(가슴신경)의 약자로 등뼈는 12쌍, L은 Lumbar(허리신경)의 약자로 허리뼈는 5쌍, S는 Sacrum(엉치신경)의 약칭으로 엉치뼈 역시 5쌍이다.

몸통의 말초신경에는 운동신경과 감각신경이 있다.

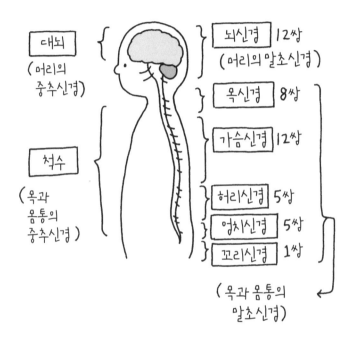

대뇌
(머리의
중추신경)

척수

(목과
몸통의
중추신경)

뇌신경 | 12쌍
(머리의 말초신경)

목신경 8쌍

가슴신경 12쌍

허리신경 5쌍

엉치신경 5쌍

꼬리신경 1쌍

(목과 몸통의
말초신경)

말초신경의 분류

신경은 신경세포(신호발전기)와 신경세포에서 나오는 신경섬유(긴 전선, 축삭)로 만들어져 있다.

신경섬유는 주위의 신경세포들에게 전기신호를 전달하는 역할을 한다.

①**운동신경**은 대뇌의 운동 명령을 전기신호로 바꿔 말초근육으로 전달한다. 동물적인 움직임을 상징한다고 해서 '동물신경계'라고도 불린다.

②**감각신경**은 감각 정보를 전기신호로 바꾸어 중앙의 대뇌로 보낸다.

③**자율신경**은 '내장에 관계하는 신경'이며, 별명으로 '식물신경계'라고도 불린다. 자율신경은 두 가지로 나뉜다.

ⓐ교감신경──흥분 시에 작동한다.

ⓑ부교감신경──안정 시에 작동한다.

교감신경의 흥분은 투쟁을 의미한다. 예를 들어 적과 싸울 때에는 심장 이외의 내장은 활발하게 움직일 필요가 없다. 그러므로 내장을 움직이는 신경은 억제되고, 대신 심장의 심박수는 늘어난다.

〔정리: 말초신경〕

① **운동신경**(동물신경계)

② **감각신경**

③ **자율신경**(식물신경계) ⓐ교감신경 ⓑ부교감신경

마취 이야기

수술할 때에는 마취를 한다. 치료를 위해 몸에 상처를 입혀도 아픔을 느끼지 않도록 하는 것이 목적이다. 전문용어로 말하자면 마취의 목적은 '무통', 즉 약물 따위를 이용해 얼마간 통증을 못 느끼도록 하는 것이다. 의학적으로 말하자면 마취는 신경전기신호를 차단하는 조치를 말한다.

피부의 통증은 감각신경을 따라 이동해서 대뇌에 도달해야 비로소 '아픔'으로 인식된다. 그러므로 전기신호가 대뇌에 도달하지 않게 되면 '아픔'은 사라진다.

전기신호를 대뇌에 도달하지 않게 하는 방법에는 두 가지가 있다.

① 대뇌 활동을 저하시킨다.

② 대뇌로 가는 신호를 중간에서 차단한다.

일반적으로 ①을 '전신마취', ②를 '국소마취'라고 한다.

당신은 점점 아프지 않~~~~~다

……이거, 마취요?

몸통─흉부와 복부를 합친 부분

몸통의 전체상을 조망해보자. 등뼈가 우리 몸의 대들보로서 전체를 지탱하고, 갈비뼈가 지붕처럼 되어 몸통의 윗부분을 덮고 있는데 이 부분을 흉곽이라고 한다. 아랫부분은 밥그릇 모양의 골반이 받침대 역할을 한다. 이 몸통에 목, 양팔, 양다리가 연결된다. 흉곽의 중심에 심장이 있어서 혈액을 양팔, 양다리, 그리고 목을 경유해 머리로 보낸다.

몸통은 흉부(가슴)와 복부(배)로 나뉘는데, 그 둘 사이에 근육성 막인 가로막(횡격막)이 경계선처럼 들어가 있다.

가로막의 한가운데에는 가슴과 배의 교통로가 지나갈 수 있도록 구멍이 뚫려 있다. 음식물의 통로인 식도, 혈액이 지나가는 길인 대동맥과 대정맥, 그리고 등뼈와 그 속을 지나는 신경인 척수가 그 구멍을 통해 지나간다.

90쪽에서도 설명했지만, 몸의 구분과 일본 지도를 대응시켜 보면 홋카이도와 머리가 닮았다. 그러면 몸통이 혼슈, 팔이 시코쿠, 다리가 규슈가 된다.

몸통 중에서도 가슴이 동일본, 배가 서일본, 포사 마그나 동일본과 서일본의 지질학적 경계가 되는 곳 가 가로막에 해당된다.

■ 몸통 = 가슴 + 배   경계선은 가로막

■ 혼슈 = 동일본 + 서일본   경계선은 포사 마그나

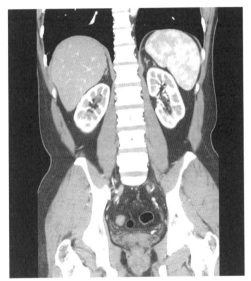

몸통(CT 재구성)

가로막(횡격막)

흉부와 복부 사이를 분리하는 근육으로 된 막을 지칭한다. 이 가로막이 위아래로 움직임으로써 복식호흡이 만들어진다. 기본적으로 이 근육은 무의식적으로 움직이지만, 의식적으로 움직일 수도 있다. 가끔 가로막이 리듬에서 벗어나서 멋대로 움직이는 경우가 있는데, 이 증세를 '딸꾹질'이라고 한다.

흉부

흉부에는 세 종류의 기능 장기가 모여 있다. 이 중에서 아래와 같이 ○ 표시를 한 두 개의 장기는 각 기능의 중심 역할을 한다.

순환기계　　○심장　대동맥　대정맥
호흡기계　　○허파　기관
소화기계　　　식도

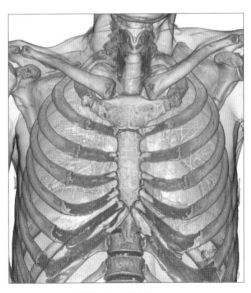

흉부(CT 3D 재구성)

심장 무게 300g

심장은 온몸에 혈액을 보내는 두 개의 근육 펌프로,

○ 오른쪽 우심은 허파에 혈액을 보내어 순환시키는 작은 펌프다. 피를 한 바퀴 순환시키는 데 약 5초가 걸린다.

○ 왼쪽 좌심은 온몸에 혈액을 보내어 순환시키는 큰 펌프다. 피를 한 번 순환시키는 데에 약 20초 걸린다.

우심과 좌심은 박동 수가 같기 때문에 좌심이 우심보다 4배나 많은 양을 내보내고 있다는 계산이 된다. 따라서 심장은 왼쪽이 조금 크다. 옛날 사람들이 심장이 왼쪽에 있다고 생각한 이유다. 하지만 실제로 심장은 가슴 한가운데, 목구멍 아래에서 명치까지 이어지는 복장뼈(흉골) 아래에 있고, 크기는 주먹만 하다.

심장은 1년에 3,000만 번, 70살까지 20억 회 이상 쿵쾅쿵쾅 뛴다. 그렇게 하여 1분간에 5L의 혈액을 몸 전체로 계속해서 내보낸다.

전혀
하트 모양이
아니네.

내 탓이
아니야.

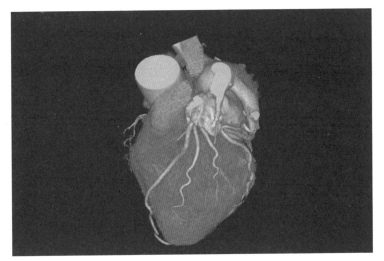

심장(CT 3D 재구성)

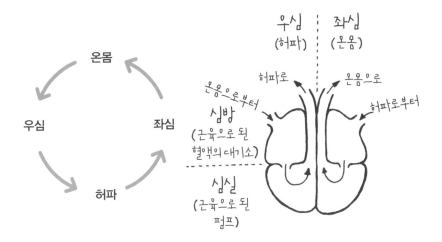

온몸

우심　　좌심

허파

우심
(허파)　　좌심
(온몸)

온몸으로부터　　허파로　　온몸으로　　허파로부터

심방
(근육으로 된
혈액의 대기소)

심실
(근육으로 된
펌프)

심전도

심장은 자는 동안에도 계속 움직인다. 그 동작을 '박동'이라고 한다. 박동은 심장의 근육이 수축을 반복하면서 생기는 현상인데, 심장의 박동은 전기신호에 의해 이루어진다. 전기를 통과시키기 쉬운 특수한 심근이 길을 만들고 있는데, 이 흐름을 관장하는 세포를 '자극전도계'라고 부른다.

우심방에 '동방결절'이라고 하는 곳이 있는데, 이 동방결절에서 전기신호를 발생시켜 좌우의 심방을 수축하게 한다. 그런데 이 전기신호가 그대로 심실까지 내려가면 심방과 심실이 동시에 수축하게 되어 심장에 피를 보낼 수 없게 된다. 이런 사태를 막기 위해 심방과 심실은 절연되어 있고, 전기신호는 심방과 심실 사이에 있는 방실결절로 가서 잠시 머물러 있다가 심실로 이동해서 심실근을 수축시킨다.

심장의 움직임을 전기적으로 볼 수도 있다. 이를 '심전도'라고 한다. 심전도는 P, Q, R, S, T라는 파로 구축되어 있다. P파는 전기신호가 심방으로 전달되면서 심방이 수축하는 정도를 나타낸 것이다. QRS파는 마찬가지로 전기신호가 심실로 전달되어 심실이 수축하는 것을 보여준다. T파는 심실의 수축이 끝났음을 알려주는 신호가 된다. 심방과 심실 모두 수축 전기활동 후에 확장 전기활동이 일어난다. 심실의 전기신호가 심방의 전기신호보다 큰 이유는 심실이 펌프 역할을 하기에 움직임이 심방보다 더 크고, 심방은 대기실 역할을 하기에 확장·수축의 움직임이 심실보다 작기 때문이다.

심실의 수축 전기신호는 QRS파고, 심실의 확장 전기신호는 T파다. 한편, 심방의 수축 전기신호는 P파지만, 확장 전기신호는 눈에 띄지 않는다. 왜일까? 정답은, 심실의 수축파인 QRS파와 겹쳐 있어 보이지 않게 되어 있으니까.

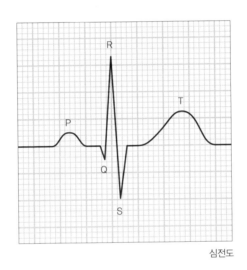

심전도

심장이
멈췄어요

콘센트가
빠져 있어요.

심장의 발생

태아(엄마의 배 속에 있는 아기) 때는 심장의 벽에 구멍이 뚫려 있다. 그 이유는 뭘까? 태아는 '양수'라는 물속에 있는데, 이는 태아가 폐호흡을 하지 않는다는 것을 의미한다. 따라서 태아의 허파는 수축되어 사용되지 않은 채 있게 된다. 이 때문에 태아는 허파에 혈액을 보내는 심장의 오른쪽 펌프를 사용하지 않는다. 그래서 오른쪽 펌프와 왼쪽 펌프 사이에 있는 벽인 심방중격에 구멍을 뚫어 왼쪽 펌프에만 혈액이 가도록 한다. 이 구멍을 '타원구멍'이라고 부른다. 이 구멍은 태아가 아기로 태어나면 바로 닫혀버린다.

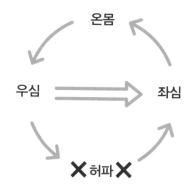

태아의 허파는 작동하지 않는다.

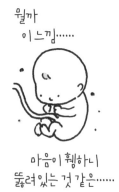

심장의 진화

생물이 고등동물로 진화함에 따라 심장의 구조도 그만큼 복잡해진다. '1심방 1심실'에서 '2심방 1심실'로, 그리고 다시 '2심방 2심실'로 진화한다. 방을 좌우로 나누어두게 되면 산소가 많은 피와 산소가 적은 피가 섞이지 않기 때문에, 몸에 산소를 공급할 때 효율이 높아진다.

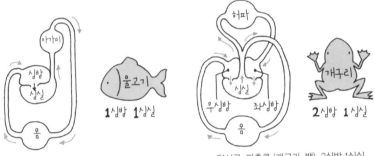

어류 (물고기) 1심방 1심실

양서류, 파충류 (개구리, 뱀) 2심방 1심실

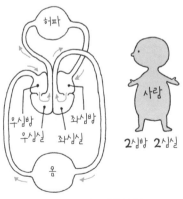

포유류 (사람) 2심방 2심실

혈관

혈관은 혈액이 지나가는 길이다. 심장에서 펌프로 방출된 혈액은 혈관을 통해 온몸으로 보내진다.

혈액은 몸 구석구석 영양분과 산소를 나르고, 다시 노폐물과 이산화탄소를 받아와 처리한다. 음식을 먹으면 음식물에 있는 영양분이 소장에서 흡수되고, 흡수된 영양분은 '문맥'이라는 혈관을 통해 간으로 이동한 다음, 간에서 영양소가 되어 혈액을 타고 온몸으로 이동한다. 노폐물은 세포에서 혈액으로 배출되었다가 여과장치인 콩팥에서 걸러져 몸 밖으로 배출된다.

산소와 이산화탄소는 허파에서 서로 교환된다. 허파꽈리에서 혈액 속의 적혈구가 이산화탄소를 내뱉고 산소를 받아들인다.

심장에서 나가는 혈관을 '동맥', 심장으로 흘러들어가는 혈관을 '정맥'이라고 부른다. 이 굵은 혈관이 장기나 조직 속에서 가늘게 가지를 치면서 모세혈관이 된다. 모세혈관에서는 세포와 혈관 사이에서 물질의 교환이 실행된다. 주된 교환은 다음 두 가지다.

①산소를 건네고 이산화탄소를 받는다.

②영양소를 건네고 노폐물을 받는다.

참고로 몸속 혈관의 길이를 합치면 6,000km에 달한다고 한다. 사람 일곱 명의 혈관을 이으면 적도를 따라 지구를 한 바퀴 돌 수 있다.

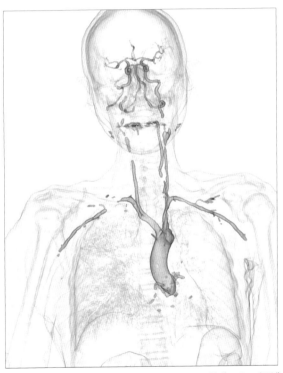

혈관(CT 3D 재구성)

허파 무게 500g(한쪽)

허파는 산소를 보급하고 이산화탄소를 배출하는, 산소 교환을 위한 공기주머니다.

안으로 깊이 들어가면서 계속해서 가지가 갈라지는데, 갈라진 기관지의 마지막 끝에는 '허파꽈리'라는 작은 주머니가 달려 있다. 허파꽈리에는 모세혈관이 엉켜 있어서 허파로 들어온 공기와 혈액이 접촉해 산소와 이산화탄소를 교환할 수 있게 되어 있다. 심장은 허파에 혈액을 보내고 받는 펌프(우심방 우심실)와 머리와 몸통, 팔다리에 혈액을 보내고 받는 펌프(좌심방 좌심실)를 구별하여 따로 관리한다.

태아의 허파는 찌부러져 있다. 태아는 엄마 배 속의 '양수'라고 하는 액체 속에서 사는데, 이때 태아는 허파가 아니라 엄마와 태아를 이어주는 '탯줄(제대)'이라는 관을 통해 엄마로부터 산소를 공급받고

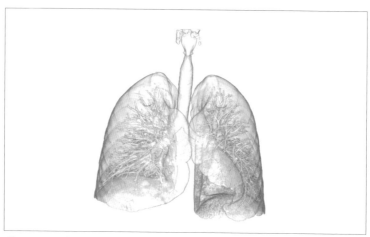

폐(CT 3D 재구성)

있기 때문이다.

그러므로 태아는 폐호흡을 못해도 괜찮다.

태아는 엄마 배 속에서 세상으로 나올 때 처음으로 폐호흡을 한다. 아기가 태어날 때 깜짝 놀라 큰소리로 우는 것은 그 때문이다.

허파는 좌우로 나뉘는데, 오른쪽이 조금 크다. 좌우의 허파는 다시 '허파엽'이라는 것으로 나뉜다. 오른쪽 허파에는 상엽, 중엽, 하엽 세 개의 엽이 있으며, 왼쪽 허파에는 상엽, 하엽 두 개의 엽이 있다. 심장은 왼쪽이 크고 허파는 왼쪽이 작기 때문에 두 개의 장기가 가슴 속에서 결합되면 좌우가 딱 들어맞는다.

허파로 들어오는 기관지는 열다섯 번에 걸쳐 작은 가지로 갈라져나가면서 표면적을 늘린다. 표면적은 50m². 한 변의 길이가 7m인 정사각형과 거의 같은 넓이다.

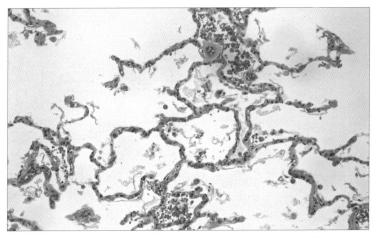

폐(현미경 사진)

허파 자신은 스스로 확장하거나 수축하지 못한다

허파에 공기가 들어오고 나감에 따라 허파의 부피도 커지거나 작아지거나 해야 하는데, 허파 자신은 근육같이 늘어나거나 줄어들거나 하지 않는다. 뺀질이인 허파는 스스로는 그런 일을 하지 않는다. 허파에는 근육이 없다는 것이 그 증거다.

몸이 움직이려면 반드시 근육이 수축해야 한다는 룰을 기억하고 있으려나?

허파는 근육이 없으니까 스스로 움직일 수 없다.

여기서 질문!

그럼, 허파는 어째서 움직이지 않는데도 공기를 들여오고 내보낼 수 있을까?

답은 바로, 주위의 도움을 받아 늘어나고 줄어들기 때문이다.

이 얼마나 뺀질뺀질한 녀석인가.

허파를 늘어나고 줄어들게 하는 근육에는 두 가지 계통이 있다.

①**복식호흡**: 가로막을 상하로 움직여서 허파를 확장, 수축시킨다.
②**가슴호흡**: 갈비뼈 근육을 늘였다 줄였다 하여 가슴을 앞뒤로 움직임으로써 허파의 부피를 늘이거나 줄이거나 한다.

이 상하·전후 두 가지 움직임이 조합되어 허파의 부피가 늘어나고 줄어들고 하는 것이다.

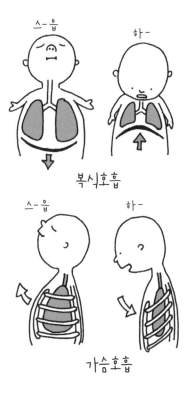

스-읍   하-

복식호흡

스-읍   하-

가슴호흡

식도 길이 30cm

식도는 흉부에 있는 음식물의 통로다. 기능이 그것뿐이어서 조금 쓸쓸한 장기이기도 하다.

식도는 소화기관으로서도 외톨이다. 식도를 제외한 일반적인 소화기관은 표면이 대부분 점막(샘상피)으로 되어 있다. 그리고 그 점막을 확대해보면 점막에서 샘 조직이 관찰된다. 샘 조직은 분비액(점액)을 만들어서 분비하는 조직tissue 동종 세포의 모임. 생리학에서 세포는 너무 작아서 일반적으로는 조직단위로 연구된다 이다. 즉 소화기관은 일반적으로 이런 샘상피로 덮여 있는 것이다. 식도는 점막이 없고, 피부와 같은 편평상피로 덮여 있으니 소화기관이라고 하기에도 어정쩡하다.

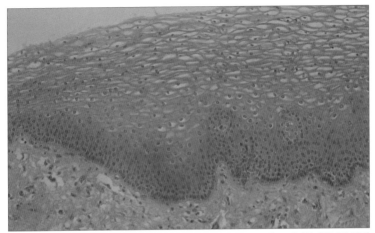

식도: 편평상피(현미경 사진)

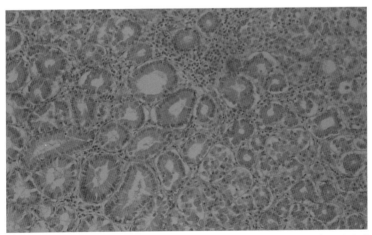

위: 샘상피(현미경 사진)

사람의 몸을 조사하는 방법

현대 의학에서는 사람의 몸을 어떻게 조사하는지 그 방법에 대해 간단히 설명해두겠다. 조사 방법에는 크게 두 가지가 있다. 각각 장점과 단점이 있으므로, 이를 잘 조합해 사용하고 있다.

1. 비침습성검사(영상진단, 몸을 망가뜨리지 않고 조사하는 법)

□CT(전산화 단층촬영computed tomography)——— X선을 수백 개의 각도로 몸을 투과하게 하여 인체 내부의 단면을 촬영한다.

□MRI(자기공명영상magnetic resonance imaging)—— 자기력선을 수백 개의 각도로 몸을 투과하게 하여 장기의 구조들을 영상으로 재구성한다.

□초음파검사(ultrasonography)——————— 초음파(에코)를 몸속에 쏘아서 그 반사파를 영상화한다.

2. 침습성조사(몸의 일부, 혹은 전체를 망가뜨리며 조사하는 법)

□ 해부, 내시경생검(내시경을 통한 생체검사)

복부

　복부의 대부분은 소화기관들이 차지한다. 식도, 위, 십이지장, 소
장, 대장, 항문이 들어 있다. 이외에도 비뇨기관들도 조금 있다.

　소화기계통은 위장관alimentary tube과 부속 기관으로 이루어지는
데, 부속 기관에는 간과 쓸개, 그리고 췌장이 있다.

　비뇨기계에는 콩팥, 방광이 있다.

　복부에 있는 생식기계는 여성과 남성이 달라서 남성의 경우는 전립
선, 여성은 난소와 자궁이 있다.

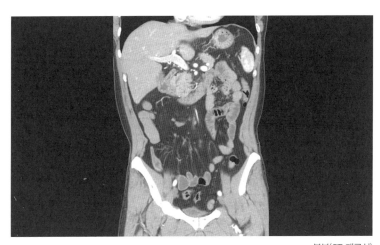

복부(CT 재구성)

소화기계

위 길이 20cm

위는 음식물이 처음으로 모이는 큰 홀이다. 위의 형태는 마치 사람마다 얼굴이 다르듯이 서로 다르다. 음식물이 위에 머무는 시간은 약 2시간. 위에서 단백질이 위산과 펩신에 의해 분해된다. 위의 용량은 대략 1L다.

위
미인대회

이런 위
처진 위

저런 위
소뿔모양 위

요런 위
구불구불한 위

십이지장 길이 30cm

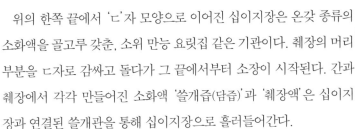

위의 한쪽 끝에서 'ㄷ'자 모양으로 이어진 십이지장은 온갖 종류의 소화액을 골고루 갖춘, 소위 만능 요릿집 같은 기관이다. 췌장의 머리 부분을 ㄷ자로 감싸고 돌다가 그 끝에서부터 소장이 시작된다. 간과 췌장에서 각각 만들어진 소화액 '쓸개즙(담즙)'과 '췌장액'은 십이지장과 연결된 쓸개관을 통해 십이지장으로 흘러들어간다.

십이지장에 흘러드는 소화액은 만능선수로서 모든 영양소를 분해한다.

또한 십이지장은 산을 중화한다. 위에서 위산이 흘러들어오면 펩신이 활성화되어 소화관 벽을 소화해버릴 수 있기 때문이다. 그러므로 십이지장액은 알칼리성이다.

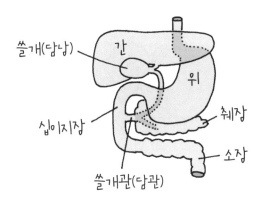

소장 길이 3m

소장의 업무는 영양소의 흡수다. 소장은 가늘고 긴 관으로 되어 있고, 복부 한가운데에 불규칙하게 지그재그로 접혀 있다. 소장에는 장내 세균이 없다. 소장 점막은 매일 한 번 죽어서 매일 전부 새것으로 바뀐다. 죽은 점막 세포는 대변의 일부가 되어 배출된다.

소장 점막은 2,000억 개의 세포로 이뤄져 있다. 소장 점막의 넓이는 200m² 정도 되는데, 한 변이 14m인 정사각형과 같은 면적이다.

소장의 앞부분을 공장(空腸, 빈창자), 뒷부분을 회장(回腸, 돌창자)이라고 한다. 공장은 음식이 통과하는 속도가 빨라서 해부하면 늘 텅 비어 있기 때문에 공장이라고 불리게 되었다.

나는 매일
다시 태어나요

나날이 새로운 나요

대장 길이 1.5m

대장은 수분 흡수를 담당하는 두꺼운 관으로, 복부 장기의 바깥쪽을 물음표 형태로 빙그르 둘러싸고 있다.

연결 순서대로 보면 맹장(막창자), 상행결장(오름잘록창자), 횡행결장(가로잘록창자), 하행결장(내림잘록창자), S상결장(구불잘록창자), 직장(곧은창자)으로 이루어져 있다.

주된 일은 수분 흡수. 대장의 상태가 나쁘면 수분을 잘 흡수할 수 없는데, 이때 설사를 하게 된다.

대장에는 대장균 외에 많은 장내 세균이 있으며 이들이 소화의 일부를 도와준다. 장내 세균의 숫자는 수조 마리. 대장의 업무는 하루 500cc의 수분을 흡수하는 일이다.

이 세균을
찾고 있는데

글쎄……

여기는 그런 게
워낙 많이 있으니까
말이지……

간 무게 1200g

간은 거대한 화학 공장이다. 간에서는 여러 화학반응이 이루어진다. 간의 주 기능은 해독작용, 영양공급, 그리고 소화액 생산이다.

소화액인 쓸개즙을 생산하고 영양소, 글리코겐을 저장한다. 아미노산, 지방, 단백질, 당류를 합성하거나 분해한다. 항체도 만든다.

암모니아나 호르몬을 파괴한다. 이를 해독작용이라 한다.

췌장에서 나오는 호르몬인 인슐린으로 당분을 가공해 저장용 글리코겐으로 만든다. 인슐린과 정반대 작용을 하는 호르몬인 글루카곤을 사용하여 저장한 글리코겐을 분해, 포도당으로 만들어 혈액 속으로 방출한다. 그밖에는 아미노산, 단백질, 지방도 저장한다.

간의 최소기능 단위는 간소엽이다. 그 연결점에는 세담관, 문맥, 간 동맥 등 셋이 한 조로 존재하는 '글리슨막Glisson's Sheath'이 있다. 소장에서 영양을 듬뿍 싣고 온 정맥혈이 간으로 흘러들어간다. 이것을 문맥이라고 부른다. 문맥은 간을 거쳐 하대동맥으로 흘러들어가는 정맥의 일종이다.

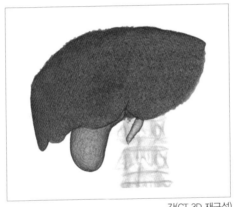

간(CT 3D 재구성)

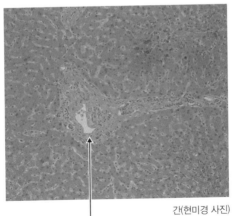

간(현미경 사진)

└─ 글리슨막

문맥이 뭐지

문맥이란 영양이 듬뿍 담긴 혈액을 간으로 나르는 특수정맥을 말한다. 다른 장기에는 없는 것이다. 간에는 두 개의 혈관계가 존재한다. 간의 혈류는 1분당 1L, 그중 20%가 간동맥으로, 80%가 문맥으로 흐른다.

간의 혈관계

■ 동맥계

대동맥→간동맥→모세혈관(간)→간정맥

■ 문맥계

대동맥→장간막동맥→모세혈관(소장·영양소 흡수)→문맥(소장정맥)→간→간정맥

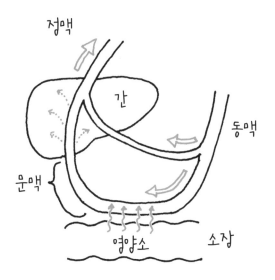

정맥

간

동맥

문맥

영양소　　　　소장

쓸개

쓸개의 역할은 간에서 분비된 쓸개즙을 농축하고 저장하는 일, 이 뿐이다. 서운해서 곁가지를 약간 언급하자면, 쓸개에는 '담석'이라는 유명한 병이 있다. 드라마나 영화 같은 데에서 등장인물이 "배가 자꾸 아프네……"라고 말하면서 쭈그리고 앉거나 하는 장면이 나오는데, 그 사람은 쓸개에 생긴 담석 때문에 담낭염을 앓고 있을 가능성이 있다.

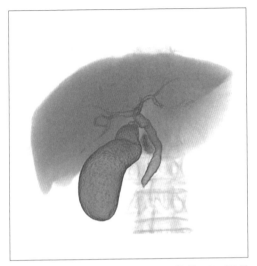

쓸개(CT 3D 재구성)

췌장 무게 100g

소화액과 인슐린의 생산 공장인 췌장은 소화액 생산의 주역이다. 사람을 정면에서 보면 복부의 중심부이긴 하되 등쪽으로 달라붙어 있는 말랑말랑한 장기로 눈에 잘 띄지 않아 어찌 불안한 장기이기도 하다.

하지만 소화액 생산이라는 점에서는 하루 1L의 소화액을 생산하는, 실로 슈퍼스타다. 내분비 장기이기도 해서 혈당량을 낮추는 호르몬인 인슐린까지 만들어 혈액 속으로 분비한다. 이렇게 보면 췌장을 따라올 자 누구냐, 라고 큰소리칠 만도 하다.

하지만 옛날에는 이렇게 대단한 장기가 아니라 단지 살점으로 된 몸 안의 쿠션 정도로만 알려졌었다.

언뜻 보면 별 거 아닌 것 같지만
실은 굉장한 일을 하고 있어.

나도 췌장 같은 사람이
되고 싶어.

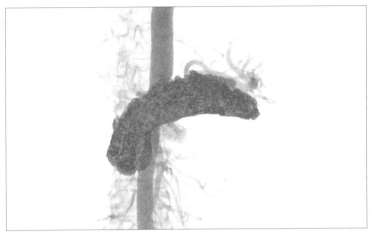

췌장(CT 3D 재구성)

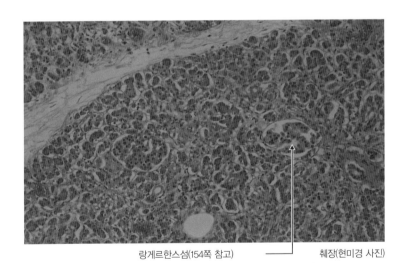

랑게르한스섬(154쪽 참고)　　　　　　　췌장(현미경 사진)

소화기계

비장 무게 100g

비장은 위에 바로 붙어 있어서 소화기계통 장기로 생각할 수 있지만 실제로는 면역계통 장기다. 고백하자면, 나는 의사가 되고 나서도 이 장기가 대체 뭘 하는 건지 잘 몰랐다. 외과의사 입장에서 비장은 위절제술을 할 때 동시에 절제될 수밖에 없는, 하지만 절제한다 해도 사실 그렇게 큰 문제가 없는 애처로운 장기쯤으로 생각했다.

순환기계와 면역체계에 있어 중요한 역할을 하는 것 같은데, 지금도 잘은 모르겠다. 이외 기능을 보자면 골수에서 혈구가 만들어지지만, 가끔 비장에서도 만들어지는 경우가 있다. 바로 태아 때다. 태아 동안에는 모든 종류의 혈구가 비장에서 생성되는데, 성인이 되고 나서는 그렇지 않다. 만약 성인인데도 비장에서 혈구가 만들어지면, 그건 비정상이다.

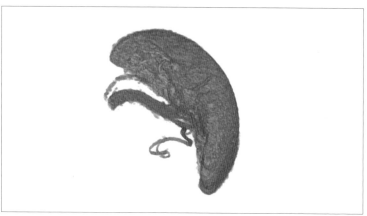

비장(CT 3D 재구성)

비장의 구조를 보면 빨간색 혈관 영역과 하얀색 림프 조직으로 나뉜다. 하지만 이는 현미경으로 봤을 때의 이야기로 육안으로 봤을 때는 빨간색과 하얀색이 그렇게 섞여 있는 것처럼 보이지는 않는다. 림프구를 만들고 오래된 적혈구를 파괴한다.

수수께끼의 장기라고 생각하고 있었는데, 그래도 제대로 설명은 했다. 아직, 내 안에서는 여전히 수수께끼이지만.

호오-.
비장은 없어도
특별한 어려움은 없어……

……나 같네.

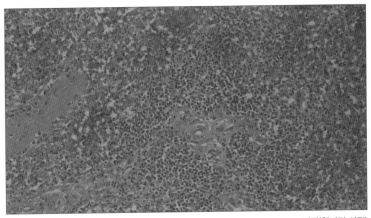

비장(현미경 사진)

콩팥 무게 150g(한쪽)

콩팥의 역할은 혈액을 깨끗하게 하는 것이다. 강낭콩 모양을 닮은 장기로 혈액을 여과하고 오줌을 만든다.

콩팥에는 사구체라는 여과장치가 모여 있어서 노폐물을 여과한다. 그것을 요관을 통해 방광으로 내보낸다. 이것이 오줌이다.

오른쪽 콩팥이 왼쪽 콩팥보다 더 아래에 있는 것은 오른쪽 콩팥 위에 있는 간 때문이다. 간이 차지하는 크기만큼 아래로 내려와 있기 마련.

분당 1L의 혈액이 콩팥을 통과한다.

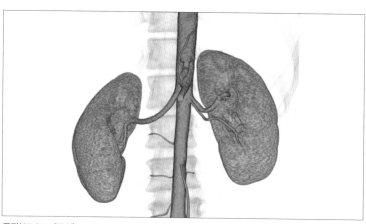

콩팥(CT 3D 재구성)

사구체 실을 뭉쳐놓은 것처럼 모세혈관이 모여 있다고 하여 사구체라 불린다. 사구체를 싸고 있는 보먼주머니(여과장치), 거기에 연결된 세뇨관(배출장치), 이렇게 세 개가 한 조를 이루어 콩팥의 기능 단위가 되는데, 이를 '네프론'이라고 한다. 사람의 콩팥 속에는 약 100만 개의 네프론이 있다.

이외에, 혈압조절 호르몬인 레닌과 프로스타글란딘을 분비한다.

보먼주머니를 통과한 것을 '원뇨'라고 하는데, 세뇨관을 통과하는 사이에 99%가 다시 몸으로 재흡수된다.

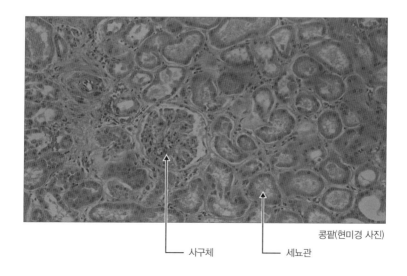

콩팥(현미경 사진)

└─ 사구체   └─ 세뇨관

비뇨생식기계 **방광**

방광은 자유자재로 신축하는 오줌 저장 탱크다. 콩팥에서 만들어진 오줌을 일시적으로 모아두는 근육주머니로, 용량은 500cc 정도다.

여기에 300cc가 들어차면, 사람은 오줌이 마렵다는 생각을 하게 되어 요도에서 오줌을 내보낸다. 방광의 용량은 0cc에서 500cc까지 늘어났다 줄어들었다 한다.

■ 대동맥 → 콩팥(사구체) → 요관 → 방광 → 요도

선생님!

방광의 용량이
300cc를 넘었습니다.

자궁

자궁은 태아를 키우는 곳, 즉 수정란이 세포분열을 하며 아기로 자라나는 근육주머니다. 호르몬 밸런스가 바뀌면서 한 달에 한 번, 배란 전에 자궁내막이 푹신푹신한 침대같이 된다. 그리고 수정이 되지 않았을 때에는 그 내막이 떨어져 몸 밖으로 나오는데, 그것을 월경 혹은 생리라고 한다.

자궁은 보통 때에는 작은 가지만 한 크기이지만, 아기를 낳기 직전에는 수박 정도의 크기로 커진다. 그리고 아기를 낳으면 원래 크기로 돌아간다. 신축성이 굉장한 장기다.

엄마의 배 속은
기분 좋았지~.

그래.

나도,
나도.

난소 무게 5g(한쪽)

비뇨생식기계

난소는 난자를 만드는 장기. 난소에는 난자의 근원이 되는 난조세포가 40만 개가 있다. 그리고 여성이 평생에 걸쳐 배출하는 난자의 수는 400개. 즉 '1,000분의 1'만이 세상에 나올 수 있다. 난자로서 방출되기 전에 먼저 성숙 과정을 거치는데, 이때 난자를 감싸서 성장을 돕는 조직을 '난포'라고 한다. 난포는 난자를 방출하면 '황체'라는 조직이 된다. 난자가 정자와 만나 수정하지 않으면 황체에서 백체로 되어 그 크기가 줄어든다.

임신하면 황체가 계속 유지되어 호르몬을 생산한다.

덧붙여서 난자의 크기는 0.1mm, 육안으로도 보이는, 인체에서 가장 큰 세포다.

난소는 이 밖에 여성호르몬을 생산하는 내분비 장기이기도 하다.

너 처음에는
0.1mm였었는데
말이지……

고환 무게 5g(한쪽)

고환은 정자 공장이다. 하루 3,000만 마리. 정자의 크기는 0.05mm로, 1회 사정으로 5억 마리의 정자가 방출된다. 왠지 정자는 '마리'로 센다. 형태가 벌레와 비슷하기 때문일까?

고환의 간질세포라는 곳에서는 남성호르몬(테스토스테론)을 합성한다. 정자는 고온에 약하므로, 고환은 배 밖으로 나와 있다.

더위에 약하니까
서늘한 곳에
놔주세요.

호오~.
정자랑 같네요.

내분비계

전신분포 장기① 내분비계 장기

내분비에 대한 공부는 곧 호르몬 기능에 대한 공부가 된다.
다음 표를 보고 '과연 그렇군' 하고 생각해준다면, 일단 성공이다.

뇌하수체는 호르몬 장기들의 사령탑. 다른 호르몬 장기들에게 명령
호르몬을 보내서 호르몬을 내보내라고 명한다. 이 밖에 자기 자신도
직접 성장호르몬을 만들어 내보낸다.

갑상샘(갑상선)은 몸을 기운 나게 하는 호르몬을 내보낸다. 갑상샘
의 뒷면에는 상피 소체라는 작은 알갱이가 네 개 있어서 칼슘흡수 호
르몬을 내보낸다.

부신은 남성호르몬·당질호르몬·전해질호르몬 등 세 종류의 호
르몬을 만들어낸다.

난소는 여성호르몬, 고환은 남성
호르몬을 만들어낸다.

췌장에는 '랑게르한스langerhans
섬'이라는 아주 작은 장기가 있다.
당분흡수 호르몬인 인슐린 등을
분비한다.

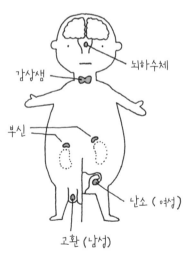

감상샘

뇌하수체

부신

난소 (여성)

고환 (남성)

■ 호르몬 리스트

구분	내분비기관	부위	분비물(H=호르몬)	별칭	기능
머리	송과체		멜라닌		
	뇌하수체(1g)	전엽	갑상샘자극H	TSH	갑상샘자극
			프로락틴	PRL	유선자극
			성장H	GH	근골계자극
			부신피질자극H	ACTH	부신피질자극
			황체형성H	LH	황체자극
			난포자극H	FSH	난소자극
		후엽	멜라닌세포자극H		멜라노사이트자극
			옥세틴	OXT	유즙분비촉진
			비소프레신	ADH	이뇨억제
목	갑상샘(30g)	갑상샘	티록신	T4	대사항진
			트리아이오딘티로닌	T3	대사항진
		상피소재	파라토르몬		칼슘흡수
배	부신(30g)	피질	알도스테론		이뇨억제
			코르티솔		당질콘트롤
			안드로겐		남성호르몬
		수질	에피네프린		흥분작용
	콩팥(100g)		에리스로포에틴		혈구증진
			레닌		혈압증진
	난소(5g)		에스트로겐		여성호르몬
			프로게스테론		황체유지
	고환(5g)		테스토스테론		남성호르몬
	췌장(100g)	랑게르한스섬	알파(A)세포 글루카곤		혈당상승
			베타(B)세포 인슐린		혈당하강
			델타(D) 소마토스타틴		

전신분포 장기② 혈액계

혈액은 혈구라는 고체 세포가 녹아 있는 액체다. 혈액은 어른의 경우 5L가 된다고 한다. 혈액을 원심분리기로 돌리면 액체 성분인 혈장과 고체 성분인 혈구가 각각 55%와 45%씩 분리된다.

● 고체 성분 —— 혈구

① 적혈구(수명 120일): 핵이 없는 세포. 적혈구가 만들어지는 과정에서는 핵이 있지만, 도중에 핵을 뱉어낸다. 핵이 없는 쪽이 산소를 운반하는 데 효율이 좋기 때문이다. 산소를 나르는 것은 '헤모글로빈'이라는 물질이다.

② 백혈구(수명 7일): 백혈구는 외부에서 침투한 적을 먹거나 해치운다. 백혈구에는 여러 종류가 있는데, 살균하는(적을 직접 해치우는) 과립구, 항체(적을 해치우는 탄환)를 만드는 림프구, 세균을 먹어버리는 매크로파지 등이 있다.

③혈소판: 혈관이 망가진 곳을 복구한다. 혈장 단백의 피브리노겐과 협력하여 출혈을 멈춘다.

적혈구는 산소를 나른다. 백혈구는 악한을 해치운다. 혈소판은 혈관이 망가지면 구멍을 메운다.

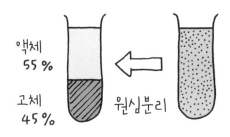

액체 55%
고체 45%
원심분리

나……
앞으로 4개월이면
죽을 건데……

흐음-.
난 앞으로 1주일.

………

적혈구   백혈구   혈소판

●액체 성분 —— 혈장

식염이 녹아 있다. 혈장과 농도가 같은 식염수를 생리식염수라고 하고, 농도는 0.9%. 이 밖에 포도당이나 아미노산 등 분비된 영양소나 단백질이 녹아 있다.

주된 혈장 단백질에는 알부민과 글로불린이 있다. 알부민은 혈액의 삼투압을 유지하는 기능을 하며, 글로불린의 대부분은 항체다.

태아 때의 적혈구는 비장(지라)과 골수에서 만들어지는데, 어른이 되면 적혈구를 포함해 백혈구, 혈소판 이 세 혈구는 모두 골수에서 만들어진다.

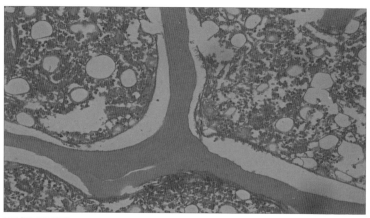

골수(현미경 사진)

실제 몸속을 보면
피투성이어서
질척질척하고
징그럽다고나 할까.

다들 애써 주는데
'징그럽다'니
왠지 미안하잖아.

이런 식으로
귀엽다면
좋을 텐데.

제2장

아기가 생기는 과정

모두 어머니의 자궁 속에서 일어나는 일이다.

① 정자와 난자가 하나로 결합하여 수정란이 된다.

② 수정란이 분열한다.

③ 여러 가지 조직으로 '분화'한다.

④ 각 부분이 자란다. 영양분이나 산소는 어머니와 태아를 연결하는 '태반'이라는 조직을 통해 어머니에게서 태아로 전달된다.

⑤ 태어난다.

이것을 생식이라고 부른다. 몸은 단 하나의 세포 '수정란'으로부터 만들어진다.

구아닌(G)   시토신(C)

DNA

아데닌(A)   DNA   티민(T)

----- 수소결합

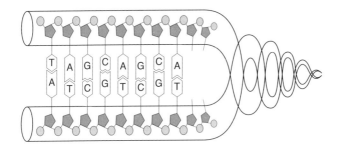

유전자란 무엇일까

분명 당신은 아버지와 어머니를 닮았을 것이다. 왜냐하면 정자와 난자 안에 유전자라는 몸의 설계도가 포함되어 있는데, 당신 몸의 세포는 유전자를 아버지의 정자로부터 반, 어머니의 난자로부터 반을 물려받았기 때문이다.

유전자는 몸의 설계도다. 유전자란 유전형질(유전으로 전달되는 개체의 특징)을 결정하는 인자이며, 그 실체는 DNA(데옥시리보핵산)의 연쇄다.

DNA는 인산과 오탄당, 염기 세 개가 조합하여 만들어진다. 이때 오탄당의 이름은 데옥시리보스다. 데옥시리보스가 아니라 리보스라는 이름의 오탄당이 결합할 때도 있는데, 그때에는 RNA(리보핵산)가 된다.

유전자는 단백질 제작의 지령서다. 지령서, 즉 유전 정보는 DNA의 일정한 배열을 이용하여 전달된다.

핵산은 A(아데닌), T(티민), G(구아닌), C(시토닌)의 네 종류가 있는데, 아래와 같이 짝을 짓는다.

A(아데닌) = T(티민)

G(구아닌) = C(시토닌)

복사할 때는 A의 짝은 반드시 T, G의 짝은 C가 된다.

핵산은 3개 1조로 아미노산 한 종류를 지정한다. 이것을 '트리플렛 triplet'이라고 부른다. 아미노산 수십 개 혹은 수백 개가 일정한 순서로 결합된 것이 단백질이다. 그러므로 특정 단백질을 지정하는 유전 정보는 수십에서 수백 개의 트리플렛이 모여서 만들어진다.

그래서 "유전자는 왈츠를 춘다"라고 말하는 것이다. (가이도 다케루, 《진 왈츠ジーン · ワルツ》에서 왈츠는 3박자 춤이다.)

예를 들어 인슐린
(단백질의 일종)을 만들 때

mRNA
(전령 RNA)

으음, 그게…
여기다.

복사해서.

기

이건데.

오케이.

rRNA
(리보솜 RNA)

기능
단백질

쾅
쾅

구조
단백질

완성.

DNA의 실체

핵 내에 있는 DNA는 백과사전의 원본이다. 거기에는 단백질의 설계도가 써 넣어져 있다. 모든 단백질의 설계도이기 때문에 들어 있는 항목 수만 해도 어마하다. 하지만 실제로 단백질을 만드는 리보솜 아미노산을 연결하여 단백질 합성을 담당하는 세포 속의 작은 기관 은 DNA 중에서 단 1회분의 단백질 설계도만 있으면 되는 거라서 DNA로부터 그 부분만 복사한다. 그 복사된 물질이 mRNA(전령 RNA)이다. RNA는 앞에서 말했지만 DNA와 비교해 오탄당 부분만 다른 핵산이다. RNA는 단백질이 생성되면 파괴된다.

DNA 백과사전은 실처럼 길게 이어진 이중나선 위에 정보를 기록한다. 이중나선의 직경은 2nm(나노미터)이다. 1nm는 1mm의 100만 분의 1이다. 굵기는 비록 이처럼 가늘지만 DNA 백과사전을 잡아당겨 늘이면 1m를 손쉽게 넘는다. 직경 2nm, 길이는 1m. 그렇게 가늘고 긴 실이니까 그대로 내버려두면 꼬여서 엉망이 되어버린다.

하지만 이런 DNA 이중나선사를 잘 간수하는 방법이 있다.

작은 구슬 같은 것에 감아서 매듭을 만드는 것이다. 이렇게 하면 가는 DNA 이중나선사도 복잡하게 꼬이지 않게 된다. 이 상태를 염색사라고 부른다. 이때 작은 구슬 같은 것은 '히스톤'이라는 둥근 단백질이다. 그러므로 염색사는 히스톤이라는 단백질 구슬에 DNA 실을 휘감아놓은 작은 매듭의 연결이다.

세포가 분열할 때에는 이 염색사가 가지런하게 모여 여러 개의 두꺼운 뭉치로 만들어지는데, 이렇게 만들어진 두꺼운 염색사 덩어리를 '염색체'라고 부른다.

사람의 경우 23개의 염색체 안에 모든 유전자가 배열된다. 그런데 하나의 세포 안에는 동일한 염색체가 각각 하나씩 더 있어서 서로 붙어 쌍을 이루고 있다. 그래서 사람의 세포 안에는 23쌍, 총 46개의 염색체가 들어 있게 된다.

지금까지 밝혀진 바로는 인간의 DNA에 들어 있는 유전자 수가 대략 2만여 개라고 하니까 이들 염색체 하나하나에는 수많은 유전자가 들어 있다고 할 수 있다.

염색체는 세포분열 중인 세포를 파괴하면 관찰할 수 있다. 이 23개의 염색체쌍은 길이가 긴 순서에 따라 1번부터 23번까지 번호가 붙여져 있다.

몸의 설계도는 다해서 23권.

1인분

그것을 하나의 세포 안에 **2**세트씩 가지고 있다.

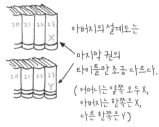

아버지의 설계도는

마지막 권의
타이틀만 조금 다르다.

(어머니는 양쪽 모두 X,
아버지는 한쪽은 X,
다른 한쪽은 Y)

아버지와 어머니로부터
1 세트씩 받기 때문에,

아버지로부터 받는 설계도의 마지막 권이
Y면 남자아이, X면 여자아이가 태어난다.
어머니 것은 둘 다 X이므로 남녀의 성별을
구별하는 기능이 없다.

길이가 가장 짧은 23번째 염색체쌍은 '성염색체'로 이 염색체에 의해 남녀의 성별이 결정된다. 성염색체는 보통 'XY염색체'라고 불린다. 여성의 성염색체쌍은 양쪽 염색체가 모두 X이고(그래서 XX염색체), 남성의 성염색체쌍은 한쪽 염색체는 X, 다른 하나는 Y이다(그래서 XY염색체).

성별을 확정할 때는 유전자를 조사한다. 사람들의 염색체 중 한쪽은 아버지로부터, 다른 한쪽은 어머니로부터 이어받는다. 아버지의 성염색체는 XY, 어머니는 XX니까, 남자도 여자도 X염색체 하나는 반드시 어머니로부터 받은 셈이다.

염색체라는 것은 DNA 백과사전을 작게 나누어서 여러 권의 소책자로 만든 것과 같다. 이렇게 하면 단백질을 만들 때 필요한 소책자만 추려내면 되므로 작업의 효율이 좋아진다.

염색체를 복사해 똑같은 복사본을 만들고 나서 세포를 둘로 나눈다. 복사본이 만들어질 때는 긴 띠 모양을 한 유전자의 이중나선이 두 개의 줄로 갈라져 풀리는 동시에 각각 짝이 되는 실이 곧바로 만들어지는 식으로 진행된다.

이렇게 될 수 있는 것은 이중나선에서 한쪽 핵산이 A(아데닌)이면 다른 쪽은 반드시 T(티민), 한쪽 핵산이 G(구아닌)이면 다른 쪽은 반드시 C(시토닌)이 되도록 되어 있기 때문이다. 즉 한쪽만 정해지면 다른 쪽은 자동으로 정해지게 되어 있는 것이다.

그래서 이중나선을 다 풀었을 때는 복제도 함께 끝나서 동일한 이중나선이 두 개 만들어지게 된다. 이렇게 된 후 세포가 분열하면 새로 생긴 세포에도 똑같은 염색체가 한 벌 들어가 있게 된다. 이런 방식으로 세포가 분열하기 때문에 모든 세포에 같은 유전자가 복사되는 것이다.

생식과 감수분열

여기까지 읽고 뭔가 이상한데, 하고 생각한 사람은 없으려나.

염색체는 몸의 세포에 46개의 염색체, 즉 23쌍의 염색체가 들어 있다. 아버지의 정자와 어머니의 난자가 합쳐져서 태아가 생기는 거라면, 각각 46개의 염색체가 있으니까, 두 개 합치면 염색체는 92개가 될 것이다.

하지만 실제는 그렇게 되지 않는다.

정자 공장인 고환과 난자 공장인 난소에서 특별한 작업으로 정자와 난자를 만들기 때문이다. 그 특별한 작업을 '감수분열'이라고 한다.

보통의 세포분열은 한 개의 세포를 두 개로 늘리기 직전에 세포 내부에 염색체를 복사해 원래 23쌍이던 염색체를 하나 더 만들어 2×23쌍이 된다. 이 상태에서 세포를 둘로 나누고 그 각각에 23쌍을 하나씩만 들어가게 하여 원래의 세포와 동일한 세포 두 개가 되게 하는 것이다.

그럼 감수분열이란 무엇일까.

23쌍으로 되어 있던 염색체 그룹을 쌍 분리하여 단일 염색체 23개로 된 두 개의 염색체 세트를 만든 다음, 그 상태에서 세포를 둘로 나누고(세포분열), 분열된 세포 각각에 염색체 세트가 하나씩 들어가게 한다. 이렇게 만들어진 것이 남자 쪽에선 정자, 그리고 여자 쪽에선 난자다. 그래서 정자에도 1세트 23개의 염색체가 들어 있으며, 난자에도 1세트 23개의 염색체가 들어 있다. 이 둘이 만나면 염색체 각각이 다시 순서대로 쌍으로 결합하여 다시 23쌍의 염색체를 가진 세포가 된다. 이것을 '수정란'이라고 한다.

이와 같은 염색체 재조합 작업을 '생식'이라고 부른다. 그리고 이렇게 만들어진 수정란은 그다음부터는 보통의 세포분열을 거듭하며 새 세포를 만들어나가 최종적으로 몸을 만드는 것이다.

그럼 '클론'이란 무엇일까. 몸을 이루는 체세포를 떼어내어 그대로 수정란처럼 기능하게 만들고, 거기서 새로운 개체가 생성되게 하는 것이다. 그것이 클론이다. 이처럼 생식세포가 아닌 체세포에서 곧

바로 만들어진, 수정란의 기능을 가진 세포를 '유도만능줄기세포iPS Cell' 혹은 '배아줄기세포ES Cell'라고 한다.

따라서 클론은 생식하고는 전혀 다르다. 당신의 유전자의 반은 아버지, 다른 반은 어머니로부터 받는다. 그래서 당신의 유전자는 전체로는 어머니하고도 다르고 아버지하고도 다르다. 하지만 만약 당신이 클론이라면 당신과 완전히 같은 유전자를 가진 사람이 존재한다는 뜻이다. 그 사람을 당신은 아버지라고 부르겠나, 어머니라고 부르겠나.

생식할 때마다 유전자를
재조합하니까

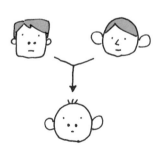

한 사람 한 사람 얼굴이 모두 다르고
잘하는 것도 달라.

너의 유전자는
너밖에 갖고 있지 않아.

괴장하지!

하나뿐인
스페셜 모델!

나도!

제3장

장기 재조립

몸속 장기 하나하나의 성격을 이해할 수 있었다면, 이제 장기를 다시 조립해나가보자. 우선 기능별로 연결해가는 것이 중요하다. 같은 계통의 장기는 서로 연결되어 있다.

그러니까 먼저 기능별로 같은 계통의 장기를 연결한 후에 조립하는 게 좋겠다. 그러므로 애초에 분해할 때부터 마지막에 다시 조립해야 한다는 점을 생각하며 해야 한다.

신경계

대뇌를 머리 위쪽에, 소뇌는 머리 뒤쪽에 놓는다. 뇌간은 대뇌의 가운데에, 척수는 뇌간에서 시작하여 등에 뻗어 있는 척추 안으로 길게 넣는다.

이것으로 중추신경의 조립은 끝.

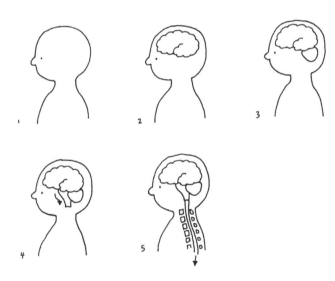

순환기계

심장은 복장뼈 뒤에 둔다.

대동맥은 심장에서 위쪽으로 나왔다가 커브를 그리며 등뼈쪽을 통과하여 내려간다. 그렇게 내려간 동맥은 엉덩이 높이에서 좌우로 나뉘어 양다리로 간다. 심장에서 위로 올라갔다가 아래쪽으로 커브를 그릴 때 좌우 팔로 가는 동맥, 그리고 머리쪽으로 가는 동맥도 분리되어 나온다.

허리 높이에서 좌우 콩팥으로 가는 동맥이 갈라져 나온다.

정맥은 동맥을 따라 달린다. 물론 그 속을 흐르는 피는 반대 방향으로 달린다.

이것으로 순환기계의 조립은 끝.

우　　　　　좌

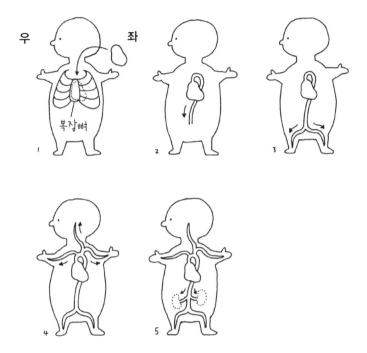

복장뼈

1

2

3

4

5

호흡기계

흉곽의 좌우에 부채 모양의 허파를 조립해넣는다. 좌우의 허파 중간 부분에서 공기가 통과하게 되는 기관지를 각각 뽑아내고, 이 두 기관지를 심장 뒤에서 하나의 기관으로 합쳐지게 한다. 이렇게 합쳐진 기관은 식도 옆을 달려서 구강으로 간다.

이것으로 호흡기계의 조립은 끝.

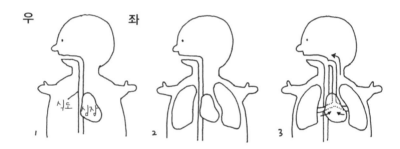

우   좌

식도 심장

1   2   3

소화기계

소화기계

1. 부속 기관

췌장과 십이지장은 '후복막장기'라고 하여, 복막의 바깥쪽에 있다.
췌장은 복부의 중앙에서 등쪽으로 딱 붙인다.

간은 명치의 오른쪽, 갈비뼈 안쪽에 커다란 역삼각형처럼 위치시
킨다.

2. 소화관

입에서 아래쪽으로 식도를 내려뜨려서 횡격막을 관통해 위와 연결
되게 한다. 위를 십이지장에 연결한다. 췌장의 굵은 쪽(머리 부분)을
십이지장이 ㄷ자형으로 감싸듯이 지나가게 한다. 십이지장의 끝을 긴
소장에 연결한다. 오른쪽 아래 복부에서 소장의 끝부분을 대장의 시
작 부분인 맹장에 연결한다. 대장은 복부의 바깥쪽을 물음표 모양으
로 내달려서, 마지막으로 직장을 거쳐 항문으로 나오게 한다.

3. 소화관과 실질 장기의 연결

간에서 나온 쓸개관(담관)과 췌장에서 나온 이자관(췌장관)이 만나서 십이지장 한가운데로 연결된다.

이것으로 소화기계의 조립은 끝.

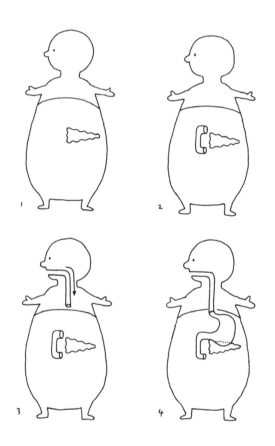

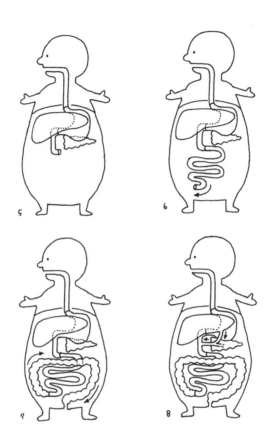

비뇨기계

비뇨기와 생식기는 몸이 만들어질 때 함께 붙어 성장하기 때문에 '비뇨생식기계'라는 이름으로 묶여서 불리지만, 기능적으로는 전혀 별개의 기관이다.

콩팥은 '후복막장기'로서 복막의 바깥쪽, 허리 높이의 등쪽에 주먹만 한 크기로 좌우에 위치시킨다. 오른쪽 콩팥은 바로 위에 간이 있는 만큼 왼쪽 콩팥보다는 조금 낮은 위치에 온다. 대동맥에서 직접 굵은 혈관으로 콩팥에 연결할 수 있다. 강낭콩 모양의 움푹 들어간 곳으로부터 요관을 뽑아내서 복부 아래쪽 후복막에 위치하는 방광과 연결한다.

이것으로 비뇨기계의 조립은 끝.

우 좌

생식기계

난소와 고환은 메추리알 정도의 크기다. 난소는 복부 내에 있고, 고환은 복부 밖에 있다. 태아 때는 난소와 고환 모두 복부 내에 있지만, 고환은 출생 후 복부 바깥으로 나온다.

난소는 난관을 거쳐서 자궁으로 연결된다. 난자는 난관을 통해 자궁으로 나온다.

고환에서 만들어진 정자는 정관을 거쳐서 전립선을 통과하여 외부로 방출된다. 정자의 행선지는 자궁이다.

난소와 고환은 호르몬을 생산하는 내분비기관으로 분류할 수도 있다.

이것으로 생식기계의 조립은 끝.

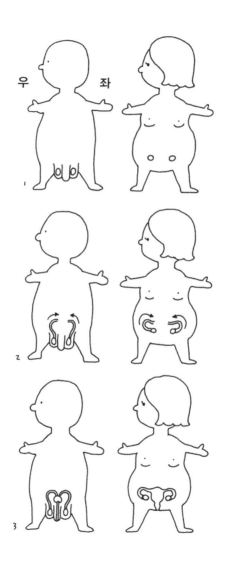

우　　　　좌

1

2

3

내분비계

내분비계 장기는 모두 팥이나 메추리알 정도의 크기다. 혈관과 연결되는 것뿐이니까 놓여 있는 위치만 기억하면 된다.

뇌하수체는 뇌간 한가운데에 있으며 무게 0.5g, 직경 1cm 정도의 콩알만 한 장기이다.

갑상샘은 길이 4cm, 두께 2~2.5cm, 무게 15~20g으로 목 앞부분 후두 바로 아래에서 좌우로 날개를 벌린 나비 모양을 하고 있다.

부신은 4.5g, 너비 2.5cm, 길이 5cm, 두께 0.5cm 정도의 크기로 강낭콩처럼 생겼고, 콩팥 위쪽에 붙어 있다.

고환과 난소는 바로 앞의 생식기계 항에서 서술했다.

이것으로 내분비계 조립은 끝.

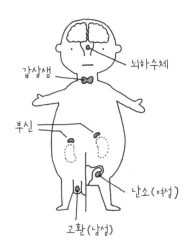

♪몸 지도 그리기 노래

①몸통 한가운데에 가로선을 그으면, 그 위가 가슴(흉부)이고 아래가 배(복부)가 된다. 경계선은 가로막.

가슴의 왼쪽과 오른쪽에 타원 모양의 허파. 허파는 왼쪽이 조금 작다. 허파는 오른쪽이 셋, 왼쪽이 둘로 나뉜다.

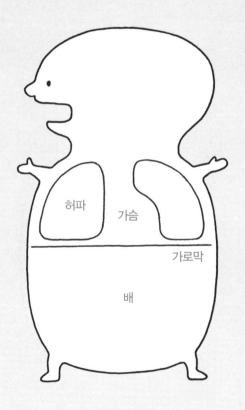

②가슴 한가운데 심장이 있으며, 심장은 왼쪽이 조금 크다.

이렇게 그리면 폐와 심장이 딱 들어맞는다.

심장은 십자가를 그려서 네 개의 방으로 나눈다.

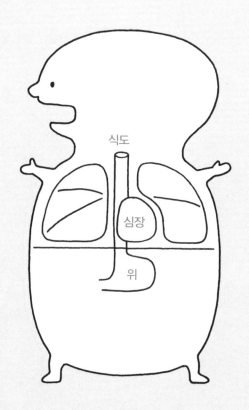

③심장 뒤로는 식도가 위에서 아래로 곧게 내려가서 복부에 있는
위에 가 닿는다.

위아래로는 십이지장이 ㄷ자를 그리며 이어지게 하고, 췌장을 그
ㄷ자 사이에 끼워 넣는다.

(췌장은 후복막장기이므로 빗금을 그어둔다.)

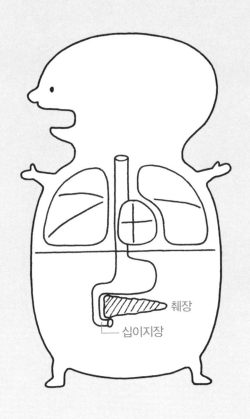

췌장

십이지장

④십이지장의 끝에 동그라미를 그리고 거기서부터 소장을 한 줄로 구불구불하게 그린다.

소장의 끝은 오른팔 쪽의 복부 아래에 있으며 그 끝에 동그라미를 그린다.

이 동그라미는 대장의 시작인 맹장이다. 맹장에 충수를 늘어뜨린다.

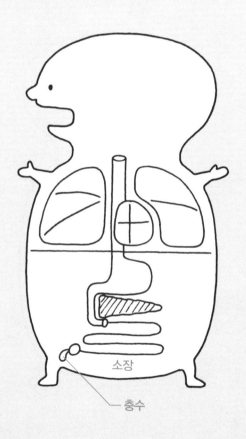

소장

충수

⑤대장은 복부를 빙 둘러서 오른쪽(오른팔 쪽) 아래→오른쪽 위→
왼쪽 위→왼쪽 아래→중심 아래(직장)의 순서로 커다란 물음표 모
양으로 그린다.

오른쪽 복부에 삼각형 모양으로 간을, 그리고 그 아래에 쓸개를 그
린다.

간은 대장 앞쪽에 있기 때문에, 격자무늬로 표시한다(후복막장기
와 구별한다).

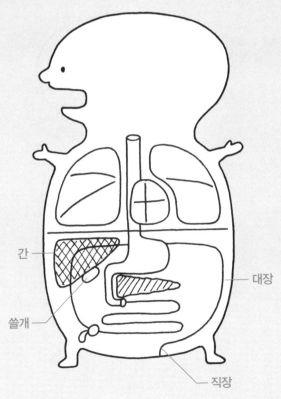

⑥쓸개에서 나온 쓸개관을, 췌장 한가운데를 지나는 이자관과 합류시켜서 십이지장 가운데로 연결한다.

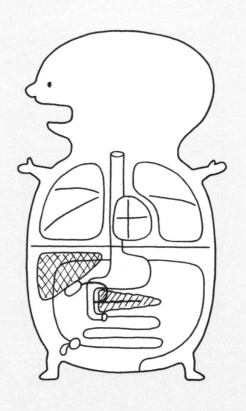

⑦소장의 왼쪽과 오른쪽에 각각 타원으로 콩팥을 그린다(콩팥은 후복막장기니까 빗금으로 칠한다). 하복부 중심에 방광을 빗금으로 표시하고, 요관으로 좌우의 콩팥과 연결한다. 왼쪽 복부에 타원형으로 비장(후복막장기니까 빗금으로 칠한다)을 그리는데, 췌장 엉덩이 끝에 붙여서 그린다.

자, 이것으로 완성.

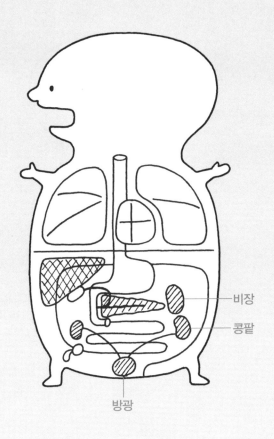

비장

콩팥

방광

♪순환기계 조립 그리기 노래

대동맥은 심장에서 물음표 모양으로 허리까지 내려오는데, 이 대동맥에서 여덟 개의 동맥이 갈려 나온다. 오른팔, 왼쪽 목, 왼팔, 오른쪽 다리, 왼쪽 다리, 오른쪽 콩팥, 왼쪽 콩팥, 그리고 복강. 이 중 오른팔로 가는 동맥에서 오른쪽 목으로 올라가는 동맥이 뻗어 나온다.

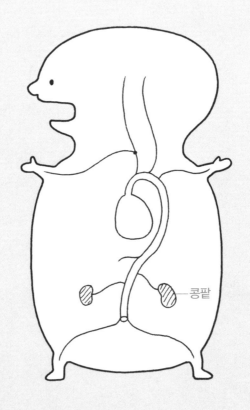

콩팥

자아, 이것으로 몸의 지도가 완성되었다. 이제 당신도 몸의 지도를 그릴 수 있을 것이다. 어렵게 생각될지 모르지만 실제로 그려보면 간단히 그릴 수 있다. 여러 번 반복해서 그리다 보면, 어느샌가 자신이 깜짝 놀랄 정도로 몸에 대해 잘 알게 되었다는 사실을 발견할 것이다. 다시 한 번 강조하는데, 몸의 각 부분을 분해한 후 다시 조립할 수 있어야 비로소 몸에 대해 안다고 말할 수 있다.

여기서 하나, 중요한 것을 말해두자.

'그냥 안다'는 것은 몸의 그림을 보고 각각의 기능이 무엇인지 아는 수준이다.

'잘 안다'는 것은 몸 그림을 전부 그릴 수 있는 수준이다.

'아주 잘 안다'는 것은 다른 사람에게도 가르쳐줄 수 있는 수준.

당신은 지금 어느 수준에 와 있는지 생각해보자.

기능 총정리

신경계

무엇을 할지, 무엇을 느낄지는 신경계의 전기신호를 통해 전달된다. 이런 일을 하는 데 중심이 되는 기관이 대뇌에서 시작되는 중추신경계이다. 중추신경계로부터 온몸으로 말초신경의 망이 펼쳐진다. 기본 단위는 신경세포(뉴런)와 거기서 뻗어 나오는 신경섬유다.

순환기계

필요물질을 온몸으로 나르고, 불필요한 물질을 회수하는 기능을 한다. 여기서 중심적 역할을 하는 것이 가슴속 심장이다. 심장에서부터 온몸으로 동맥→모세혈관→정맥의 흐름으로 혈관 망이 펼쳐진다.

호흡기계

허파로 들어온 혈액은 허파의 기본 단위인 허파꽈리(의 모세혈관)에서 산소를 흡수하고, 노폐물인 이산화탄소를 배출한다.
중심적인 역할을 하는 것은 허파다.

소화기계

입으로 들어온 음식물은 소화기관을 통과하는 동안 소화가 된다. 음식물의 영양분은 소장 점막의 모세혈관을 통해 흡수되며, 그렇게 흡수된 영양소는 간으로 보내져 저장된다. 그런 다음 저장된 영양소를 혈액을 통해 모든 장기에 배분한다. 중심적인 역할을 하는 것은 복부에 있는 소화기. 수분은 대장 점막의 모세혈관에서 흡수되어 림프관이나 혈관 속으로 보내진다.

비뇨생식기계

비뇨기계
혈액 속의 불필요한 물질은 콩팥의 기본 단위인 네프론에서 여과되어 방광으로 보내지고 오줌으로 배출된다.

생식기계
남성은 고환에서 정자를, 여성은 난소에서 난자를 만든다. 여성은 수정란을 태아로 키워내는 자궁을 갖고 있다.

내분비계

혈액 속으로 호르몬을 분비해내는 장기. 호르몬은 일종의 특수지령과 같아서 각각의 호르몬은 표적이 되는 장기에만 영향을 준다.

항상성을 유지하기 위하여

우리 몸과 바깥 세계 사이에는 경계가 있다. 몸은 몸 외부에 있는 필요한 물질을 내부로 들이고, 몸 안의 불필요한 물질을 몸 밖으로 배출하는 것을 기본으로 한다.

몸은 항상 일정한 상태를 유지하려고 한다. 혈압 120mmHg, 심박수 분당 80회, 체온 36.5℃,라는 식으로.

이렇게 몸의 상태를 일정하게 유지하려는 경향을 '항상성' 혹은 '호메오스타시스homeostasis'의 유지라고 한다.

이처럼 우리 몸은 항상성을 유지하기 위한 시스템이다,라고 말할 수도 있다.

몸의 구조는 복잡한 듯이 보이나 실은 단순하다. 47쪽의 그림을 보면 알 수 있듯이, 몸 안과 바깥 사이의 출입은 모두 모세혈관을 통해 이루어진다. 출입의 목적은 몸의 상태를 일정하게 유지하는 데 있다.

즉 건강을
유지하겠다,는 것이군.

의학개론

"산다는 게 뭐지?
의학이란?"

책을 여기까지
읽었다는 건,

당신이
아직

살아있다는 이야기?

죽는다는 것, 산다는 것

사는 것은 죽는 것의 반대다.

산다는 것은 숨을 쉬고 있다, 심장이 뛰고 있다, 생각할 수 있다,라는 것이다. 그 반대가 죽는 것.

죽으면 숨을 쉬지 않게 된다. 심장이 멈춘다. 의식이 없어진다.

옛날 사람은 호흡정지, 심박정지, 동공산대 눈동자가 크게 확대되는 상태 를 보고 '죽음'을 결정했다. 이를 죽음의 3징후라고 부른다. 숨을 쉬지 않게 되는 호흡정지, 심장이 움직이지 않게 되는 심박정지, 그리고 대광반사light reflex 눈에 빛을 비추면 사람의 의지와 무관하게 동공이 축소하는 비자발적 반사 반응 의 소실을 의미하는 동공산대는 뇌가 활동을 멈췄다는 표시였다.

그런데 의학이 발달하여 옛날이라면 죽었을 사람이 죽지 않게 되었다. 설령 호흡이 멎어도 인공호흡기로 생명을 유지할 수 있게 된 것이다. 그래서 의식이 없어지는 것을 죽음의 중요한 표지로 삼자고, 즉 뇌가 죽는 것을 '죽음'으로 판정하자고 의견이 모아졌다.

이것이 '뇌사'다.

뇌사를 죽음으로 인정한 이유는 뇌사한 사람의 장기를 다른 사람에게 이식하기 위함도 있다. 죽음의 기준에 대해서는 이외도 여러 의견이 있고, 여전히 논쟁 중이다.

왜 계속
살아야 해요?

왜일까요.

그 답을
찾기 위해서
아닐까요?

왜 계속
살아야 해요?

"특별히 이유는 없다"고
하는 설도
있는 것 같아.

왜 계속
살아야 해요?

아이돌과
결혼할 수 있을지도
오르기 때문이야!!

죽는 것은 무섭지 않다

누구라도 한 번은 반드시 죽는다. 영원히 살 수 있는 사람은 없다.

살아 있는 사람의 의무는 죽을 때까지 사는 것이라고 나는 생각한다.

이 책을 읽고 있는 당신은 아무리 길게 잡아도 지금부터 100년 넘게 살 수는 없다. 지구가 태어나서 46억 년, 인류가 탄생하고 나서 수억 년이 지났다. 이에 비하면 당신이 살아 있는 100년은 겨우 한순간에 불과하다. 그 한순간을 살게 하기 위해서 사람의 몸이 얼마나 정교한 구조로 만들어졌는지 생각하면 놀랍다.

사람의 몸을 정밀기계라 가정하고 그 기계를 조립해본다고 하면, 거기에 들어가는 예산은 1,000억 원이라도 부족하다. 그러므로 사람의 몸은 1,000억 원 이상의 가치가 있다고 봐야 한다.

하지만 그런 몸을 가진 사람도 100년 후에는 반드시 죽는다.

그렇다면 일단, 죽을 때까지는 살아보는 게 좋을 것 같은데…….

죽고 싶다고, 아무리 생각해도 그냥 죽는 게 낫겠다고 생각하는 사람이 있다면, 한 번이라도 좋으니 내 말을 떠올리기 바란다.

"그렇게 서둘러서 죽지 않아도 돼. 어차피 100년 후에는 죽을 테니까."

그리고 하나 더.

"위험해,라고 생각되면 괜히 애쓰지 말고 부리나케 도망치자."(하하)

죽음과 의학

당신의 죽음은 당신하고는 전혀 관계없는 일이다. 죽고 나면 당신
은 스스로 그 사실을 알 수 없으니까.

즉 죽음이란 죽은 사람이 아닌, 살아남은 사람들에게만 의미가 있
는 개념이다.

죽으면 의식이 없어진다. 기쁨도, 슬픔도, 아픔도, 고통도 없어진
다. 이 말은 당신 자신의 죽음은 당신에게는 아무래도 좋을 일이란
얘기다.

자신이 죽은 후의 일을 생각할 필요는 없다. 그것은 다른 사람이 감
당할 일이다.

맞다. 당신의 '죽음'은 실은 살아남은 사람들의 문제다.

그럼 우리는 '죽음'에 대해서는 아무것도 생각할 필요가 없을까?

그것은 아니다. 왜냐하면 우리는 모두 죽을 운명이기 때문에 그런
보편적인 일에 대해서는 나름대로 생각을 해두어야 한다.

그렇다면 어떤 생각을 해두면 좋을까.

그 답은 아마, 다른 사람이 죽었을 때 살아남은 당신이 무엇을 하면 좋을지를 생각하는 게 아닐까. 그것은 곧 나 자신이 죽었을 때 다른 사람이 무엇을 해주면 좋을지 생각하는 것으로 연결될 수 있다.

사람이 죽으면?

우선 그 사람이 죽은 이유, 즉 사인死因를 밝히는 게 중요하다. 사인을 밝힌다는 것은 그 사람을 소중히 생각한다는 표시다. 사랑하는 사람이 죽었을 때 그가 왜 죽었는지 이유를 알면, 마음속으로 그를 떠나보내기가 한결 수월해질 수 있다. 하지만 그 이유를 모른다면 우리의 마음은 불안과 의심에서 벗어나지 못할 것이다. 그러니까 고인의 사인을 조사하는 것은 살아 있는 사람을 위해서도 매우 중요한 일이다.

이미 죽었으니까
어느 쪽이라도 상관없잖아.

그렇게는
안 돼.

해부에 대하여

의학에서 '죽음'은 공부의 기회였다. 기원전 4세기, 히포크라테스 시대부터 '해부는 의학의 기초'라고 했으며, 이 점은 오늘날까지도 변하지 않았다. 사체로부터 배우는 것이 의학 세계에서는 기본 원칙이다. 그런 만큼 사인을 조사하는 일은 의학에서도 무척 중요한 일이다.

해부는 신체에 칼을 대서 장기를 꺼내 조사하는 일이다. 사체에 상처를 내서 조사하는 것이니 결코 가벼운 일이 아니다. 죽은 사람을 상처 입히면서까지 사인을 조사하는 이유는 크게 두 가지다.

①고인이 부당하게 죽은 것은 아닌지를 증명하기 위함(사회해부)
②고인이 죽음에 이른 이유를 조사해 의학 연구에 도움을 주기 위함(의학해부)

하지만 가족인 고인의 몸에 상처를 입힌다는 것에 거부감을 느끼는 사람이 많아 실제로 고인을 부검하는 경우는 흔하지 않다. 일본의 경우 사체 해부율은 2%대에 불과하다.

'사망 시 의학 검사'는 의학의 기초

'해부는 의학의 기초'라는 말을 이제는 '사망 시 의학 검사가 의학의 기초'라고 바꿔 말해야 하는 게 아닌가 하고 나는 생각한다.

'사망 시 의학 검사'는 새로운 말이지만, 그 말이 무엇을 뜻하는지는 쉽게 이해할 수 있을 것이다.

말 그대로 '사망했을 때' 하는 '의학 검사'다.

이것은 '해부는 의학의 기초'라는 말하고도 모순되지 않는다. 왜냐하면 '해부'는 '사망 시 의학 검사'의 일부니까.

사망 시 의학 검사

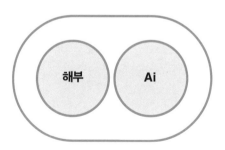

Ai의 등장

20세기 후반부터 해부가 쇠퇴하면서 의학은 위기에 처했다. 그러나 21세기가 되어 구세주가 나타났다.

오톱시 이미징Autopsy imaging이라는, 사체에 대한 화상진단법이 확립된 것이다. 일본에서 만든 조어로 추정되며 일본에서는 굳이 Autopsy imaging이라고 쓰고 Ai라고 표기함.

20세기까지만 해도 사망 시 의학 검사 방법은 해부밖에 없었다. 20세기의 사망 시 의학 검사는 **검안(몸의 표면에 대한 검사) → 해부(파괴 검사)**라는 순서를 갖고 있었다.

하지만 21세기에 Ai가 도입되면서 의학 검사가 극적으로 변했다. **즉, 검안(몸의 표면에 대한 검사) → Ai(화상진단) → 해부(파괴 검사)**의 순서를 갖게 된 것이다.

이러한 변화는 의학과 사회에 대변화를 가져오게 될 것이다.

해부와 달리, Ai는 사체에 상처를 입히지 않으면서도 사인을 조사할 수 있으며, Ai로 사인을 알 수 없으면 그때 해부를 해도 되므로 유족의 입장에서도 받아들이기가 한결 쉽다.

당신도 당신이 죽었을 때 몸에 칼을 대는 해부를 당하기 전에 우선 Ai를 실행하고 나서 해줬으면, 하고 생각하지 않을까?

Ai와 해부는 서로 돕는 관계에 있다

Ai는 해부를 대체하는 검사는 아니다. 해부가 다다르지 않는 부분을 도와주는 검사다. 하지만 해부보다 거부감이 덜한 검사이므로, 사망 시 의학 검사의 기본은 앞으로는 해부가 아니라 Ai가 될 것이다. 그리고 해부는 Ai의 보조 검사로서 역할을 하게 될 것이다.

그동안 살아 있을 때
했던 영상진단을

죽었을 때에
한 번 더 해둡시다,
라는 이야기입니다.

Ai를 반대하는 입장

그런데 안타깝게도 새로운 것이 등장하면 '반대파'도 나타난다.

'반대파 1'은 관료들이다. Ai는 일단 돈이 든다. 일본은 빚투성이라서 그런 데 돈을 쓸 수 없습니다,라고 말하는 거다. 이 관료들은 사람들이 죽어도 그들이 어떻게 죽었는지는 아무래도 상관없다고 생각하는 듯 보인다.

'반대파 2'는 해부 일을 해온 의사, 즉 일부의 병리의나 법의학자다. 그들은 Ai로는 사인을 완전히 파악할 수 없으므로 반드시 해부를 해야 한다고 주장한다. 하지만 이것도 잘못이다. 일본에서는 연간 100만 명 이상의 사람들이 죽고 있는데도, 해부는 겨우 5만 명에 대해서밖에 실행되지 않는다. 매해 100만 명 이상이 해부 없이 의사의 소견만으로 사인을 결정받는 게 현실이라면, 적어도 영상진단으로라도 정확한 사인을 조사하는 것이 반드시 필요하다.

해부 일을 해온 사람들은 Ai가 도입되면 자신들의 일자리가 줄어들거나 없어지는 것은 아닌가, 하고 걱정한다. 그래서 Ai를 한다고 해도 자신들이 직접 해야 한다고 주장한다. 하지만 그건 말도 안 되는 소리다. 해부와 영상진단은 전혀 다른 기술로, 스포츠로 말하자면 축구와 수영처럼 완전히 별개의 영역이다. 그러므로 이들의 주장은 수영선수가 축구 정규 리그의 멤버가 되게 해달라고 요구하는 것만큼이나 번지수가 틀린 얘기다.

'반대파 3'은 일부 영상진단의들이다. 그들은 새로운 일을 하고 싶지 않아서 여러 가지 이유를 대면서 Ai를 받아들이지 않으려 한다. 돈을 못 받는다, 바쁘다, 일손이 부족하다, 하는 방법을 모른다, 자신들의 일이 아니다 등등등. 이 사람들은 그동안 해왔던 일만 하고 싶은 것이다. 주로 학회의 높으신 선생님들이 그렇다.

이런 일부 사람들이 Ai를 오해하거나 반대하기 때문에 Ai는 좀처럼 확산되지 못하고 있다. 왠지 높으신 사람 중에 귀를 막고 있는 사람들이 많다.

하지만 대중은 Ai의 도입을 바라고 있다. 강연회에서 설문조사를 하면 97%의 사람들이 Ai를 도입했으면 좋겠다고 말한다.

반대파 사람들은 겸허하게 대중의 소리에 귀를 기울였으면 좋겠다.

이 책의 장기 사진은 치바의과대학 부속병원에서 세계 최초로 Ai센터를 창설한, 방사선과의 야마모토 세이지山本正二 선생님과 시모후사 료타下良太 선생님이 제공해주셨다. 책에 나오는 사진은 Ai 사진이 많다. 유족분들이 Ai 사진을 찍게 해주셨기 때문에, 이렇게 몸에 대한 공부를 할 수 있게 된 것이다. 의학은 이처럼 죽은 사람의 후의에 의해 발전해올 수 있었다. 따라서 Ai의 의미와 가치를 모르는 사람은 의학이나 의료에서 가장 중요한 것이 무엇인지 모르는 무지한 사람이라고 할 수 있다.

우리는 의학을 위해 정보를 제공해준, 지금은 이 세상에 없는 분들께 감사의 마음을 잊어서는 안 된다.

내정체가
들통나니까

반댑니다.

의학은 어렵지 않다. 왜냐하면 우리 자신을 배우는 학문이기 때문이다. 그리고 누구라도 제대로 배워야 하는 중요한 학문이기도 하다.

의학의 기본은 우리의 몸, 우리 자신에 대한 사용 설명서, '내 몸의 지도'이다. 몸의 지도를 그릴 수 있다는 것은 우리 자신을 아는 것이고, 우리 자신을 알면 쉽게 절망하지 않게 된다. 우리가 슬퍼할 때도, 괴로워할 때도, 우리의 몸은 묵묵히 우리를 지지하며 계속해서 일하고 있으니까.

그건, 왜일까?

우리가 더 잘 살 수 있도록 몸이 우리를 위해 노력해주는 거라고, 나는 생각한다.

박사님,
나의 이건 뭡니까?

그거?

오일을
저장해두는 곳이야.

그건
배터리.

아.

여기
들어 있었구나!

난
잘 만들어져
있군요.

그렇단다.

끝으로

이 책을 처음부터 한 번 더 훌훌 넘기며 살펴보자.

우리 몸의 작은 공간 안에 이렇게 다양한 장기들이 그득히 채워져 있다는 걸 알고 새삼 놀랄 터.

우리의 몸은 굉장하지 않은가?

그러니 구석구석까지 이해하고 소중히 사용하자.

이것으로 '내 몸의 지도' 수업은 끝.

첫 페이지로 돌아가서 한 번 더 자신의 '몸 지도'를 그려보자.

그리고 자신의 몸에 감사해하면서 이 책을 덮기로 하자.

이 책을 읽고
몸이란 굉장하구나,
소중하구나 하고
새삼 생각했다.

몰랐다면
우리 몸의 소중함을
알 수 없었을 것이다.

땡큐
콩팥!

당연하다고 생각한 것이
실은 이렇게 소중한 것이었음을
이제야 깨달았다.

몸에 대하여
안다는 것은,

'소중한 것이란 무엇인가'를
생각하는 최고의 계기가
아닐까.

덧붙이며

중학생도, 도쿄대생도,
그리고 보통의 어른도 '몸의 지도'를
그릴 줄 몰랐다.

　내가 이 책을 써야겠다고 생각한 이유가 있었다. 애초의 계기는 간호대학교 수업이었다. 나는 병리학이라는 과목을 가르치고 있었는데, 학생들이 병리학을 공부하려면 병들지 않은 건강한 몸에 대해 잘 알아야 한다. 그런데 학교에서 가르치다 보니 해부에 관한 지식만으로는 건강한 몸에 대해 제대로 알 수가 없겠구나, 하는 것을 차차 알

◆ **몸 갤러리 【중학생편】**

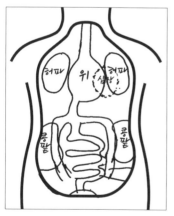

■ 위가 가슴으로 올라와 있고 장은 세 갈래로 나뉘어 있다. 당신의 관심이 먹을 것에 집중되어 있다는 것을 잘 보여준다.

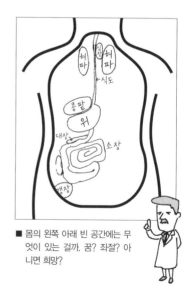

■ 몸의 왼쪽 아래 빈 공간에는 무엇이 있는 걸까. 꿈? 좌절? 아니면 희망?

게 되었다. 물론 학생들은 열심히 공부했지만, 장기의 이름이 무엇이고 어디에 붙어 있는지는 알아도, 그것들이 어떤 역할을 하며, 서로 어떻게 연결되어 있는지는 잘 모르는 것 같았다.

그래서 건강한 몸에 대해서는 어떻게 가르쳐야 할지 연구해봤다. 이 책의 첫 부분은 그때 했던 수업의 산물이다.

다음으로 아사히신문에서 주최하는 강연 프로그램 '오서즈 비지트 authors visit'에 참가했을 때의 일이다. 중학생들을 대상으로 몸에 대해 강의를 하게 되었는데, 문득 생각이 나서 학생들에게 몸을 그려보라고 했다. '몸의 지도'를 그릴 수 있는지 테스트해본 것이다.

그랬더니 역시나 몸 지도를 제대로 그릴 줄 아는 학생은 없었다. 아래처럼 그려봤다.

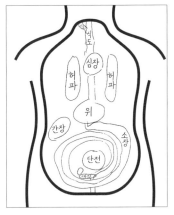

■ 소용돌이족 1. 소용돌이치는 소장의 한가운데에 단전이 있다. 무도인의 몸은 마지막에는 이렇게 된다?

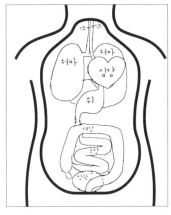

■ 대체로 맞는 것 같다. 그래도 사람에게 간이 없어서야.

그다음 2시간 수업을 하고 나서 다시 한번 그려보라고 했다. 그랬더니 모두들 훌륭하게 몸 그림을 그리는 것이었다.

'뭐야. 2시간만 가르치면 그릴 수 있었던 거구나.'

그래서 나는 그렇게 가르치는 책을 만들면 분명 누구라도 몸의 지도를 그릴 수 있게 되지 않을까, 하고 생각했다.

어느 날엔가는 도쿄대에서 수업을 하게 되었는데 그때에도 장난스런 마음으로 학생들에게 몸 지도를 그려보라고 했다.

그랬더니 그들이 그린 몸 그림도 중학생이 그렸던 몸 지도와 다를 바가 없었다. 일본에서 공부를 가장 잘한다는 사람들도 이런 수준이라니, 하고 정말로 놀랐다.

◆**몸 갤러리【도쿄대생편】**

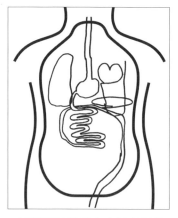

■ 심장이 하트를 만들었다. 아이돌의 몸인가?

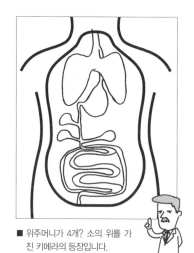

■ 위주머니가 4개? 소의 위를 가진 키메라의 등장입니다.

하지만 도쿄대생만이 아니다. 그 후, 나를 취재하러 온 사람들에게도 테스트를 해보니, 모두 도쿄대생처럼 못 그리는 사람들뿐이었다.(요시타케 씨도, 그랬습니다.^^)

이래도 되는 걸까. 캄보디아나 우크라이나의 특산품과 물리 공식은 술술 외울 줄 알면서도 정작 중요한 자신의 몸에 대해서는 거의 모르고 있다는 게 말이 되는가 싶었다.

그건 아마도, 자신이 모른다는 사실조차 모르기 때문일 것이다. 무지는 무관심으로 이어지고 무관심하게 있으면 모르는 사이에 뭔가가 망가져간다.

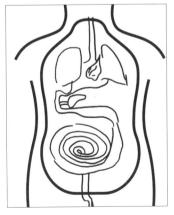

■ 소용돌이족 2. 췌장만은 묘하게 정확하게 그려져 있다. 뭐냐?

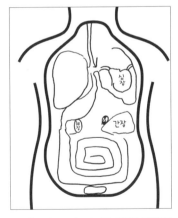

■ 소용돌이족 3. 미로 스타일. 이러면 음식물이 배 안에서 빠져나가지 못할 것 같은데요.

이 책은 이런 경험과 문제의식에서 만들어졌다. 이 책을 손에 든 여러분들은 책을 거듭 읽어서 내용을 확실히 소화해내기 바란다.

왜냐하면 우리 몸을 제대로 안다는 것이야말로 우리가 우리 자신을 지키는 가장 큰 자산이 될 것이기 때문이다.

그럼, 이 책은 일단 이것으로 끝.

◆ 몸 갤러리 【사회인편】

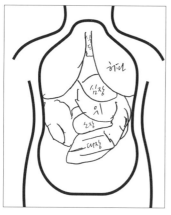

■ 몸 지도라기보다는 어쩐지 삼국지 지도 같다. 위나라와 심장나라의 땅따먹기 전쟁의 결과는 어떻게 될 것인가.

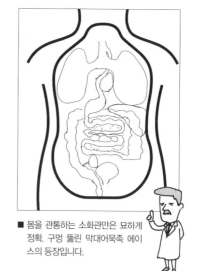

■ 몸을 관통하는 소화관만은 묘하게 정확. 구멍 뚫린 막대어묵족 에이스의 등장입니다.

다음번에는 이 책의 속편《とりせつ・やまい(내 몸 사용 설명서・병)》으로 만나뵙겠습니다.

2009년 9월

가이도 다케루

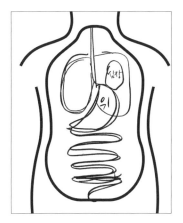

■ 이런 몸을 가진 사람이라면 고민은 분명 없겠지요. 훌륭하리만치 힘찬 단순함.

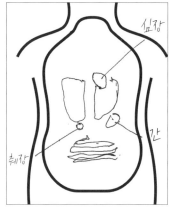

■ 좌우 반대(간과 췌장), 상하 반대(심장이 허파 위로 올라왔다). 여기저기 거울이 있는 거울인간이냐?

참고문헌

실제로는 이 책 몇 배 분량의 참고문헌이 있지만, 일단 이다음 단계를 공부하는 데 적합한 책을 엄선해봤다. 너무 많이 추천하면 좋을 리 없다.

지나침은 모자람만 못하다. 공부는 필요최소한으로(하하).

《からだの地図帳(몸의 지도장)》講談社編 監修解説/高橋長雄 講談社

《視覚でとらえるフォトサイエンス 生物図録(비주얼 포토 사이언스 생물도감)》鈴木孝仁監修 数研出版

자아!
어디로 갈까요!

《내 몸의 지도를 그리자》는
현대판 《해체신서》

《해체신서解體新書》는 일본에서 1774년에 번역·출간된 의학서로, 독일 의사 쿨무스Johann A. Kulmus의 《해부도보Anatomische Tabellen》의 네덜란드어판인 《타펠 아나토미아Ontleedkundige Tafelen》를 일본어로 중역한 것이다.

《내 몸의 지도를 그리자》 10년 후의 후기

세월이 흐르는 것이 빠르기도 해서 《내 몸의 지도를 그리자》를 첫 출간하고 10년이 지나 이번에 복간하게 되었습니다. 이 책을 출간할 당시, 나는 이 책의 마지막 장에 소개한 사망 시 부검 영상(오톱시 이미징=Ai) 제도를 도입하기 위해 동분서주하고 있었습니다. 사람들은 그 일이 내 인생 과제냐고 했습니다. 반은 맞고 반은 틀린 이야기입니다. 저는 무슨 일이든 10년 안에 일단락 짓는다,라고 생각하는 사람입니다. 그런 뜻에서 Ai의 사회 도입이라는 나의 미션은 2012년의 '사인규명관련2법안'의 제정으로 일단 완료되었다고 할 수 있습니다.

이 법안으로 일본의 사인규명제도 안에 Ai를 넣을 수 있게 되었습니다. 하지만 여전히 제한이 많아서 법의학자가 실시한 Ai의 정보를 유족이 알 수가 없게 되어 있습니다. 그래서 그 정보를 얻으려면 유족이 의료사고 소송을 제기해야 한다는 본말전도의 사태도 일어나고 있습니다. 그러므로 나의 희망은 반밖에 이뤄지지 않은 셈입니다. 이 것은 나의 소설 데뷔작 《바티스타 수술 팀의 영광チ—ム·バチスタ

の栄光》의 한 소절 "소원은 이루어진다. 단 반만"이라는 구절과 딱 들어맞는, 세계 보편의 진리이므로, 어쩔 수 없는 일이라고 포기했지만 말입니다.

단, 이 책을 읽은 여러분이 기억해주기 바라는 것이 있습니다. 기득권자들은 자신들의 이익을 위해서라면 사회나 국민 따위는 아무래도 상관없다고 생각하며 행동한다는 것이고, 그러한 행위를 허용하는 것은 시민의 무관심이라는 사실입니다.

다시 이야기를 본론으로 되돌려서, 나에게 진짜 인생의 과제가 있다면 그것은 '내 몸의 지도 프로젝트'입니다. 실은 나는 이 책을 사람들이 집에 한 권씩 두고 모두가 몸의 지도를 그릴 수 있게 하자는 야심을 품고 있습니다.

첫 후기에도 썼지만, 이 책은 아사히신문 '오서즈 비지트' 프로그램에서 중학생들이 2시간짜리 수업을 듣고 바로 몸 지도를 그릴 수 있게 된 것을 보고 쓰게 되었습니다. 또한 가장 뛰어난 학생들이 모인다는 도쿄대 교양학부의 학생들도 '몸 지도 그리기'에서는 전멸이라는 교육 현실을 보고 더욱 분발해서 쓰자고 생각하게 되었습니다. 하지만 모든 가정에 한 권씩이라는 나의 야망은 아직 실현되지 않은 상태입니다.

그래도 인생에서는 때때로 뜻밖의 일이 일어납니다. 일러스트를 그린 나의 절친 요시타케 신스케 씨가 그림책계에서 큰 성공을 거두면서 지금은 이 책의 독자 중 절반은 요시타케 씨의 팬이라고 하는군요 (우리 쪽 비밀첩보에 의함).

그 후에도 나는 꾸준히 각지의 강연회에서 '내 몸의 지도 프로젝트'를 홀로 묵묵히 계속하고 있습니다. 강연장에서 화이트보드에 장기를 그리게 하고 마지막으로 "네, ○○마을 여러분은 전원 사망입니다" 같은 소릴 해왔습니다. NHK E 티브이에서 〈과외 수업 어서 오세요 선배〉에 출연했을 때도 이 수업을 한 다음 스태프에게 '내 몸의 지도 인형'을 만들게 했습니다. 그때 만들어진 인형은 지금도 내가 일하는 곳에 잘 안치되어 있습니다.

피스 보트에 탑승하여 강연했을 때는 선내에 가지고 탄 100권을 완판, 감사했습니다. 그런데 다른 나라의 분들을 위한 강연에서 "배꼽은 장기 중 어디에 속할까요?"라는 질문을 받고 저도 모르게 말문이 막혔던 일도 생각나네요.

NHK BS 프리미엄 〈영웅들의 선택〉 중 스기타 겐파쿠杉田玄白 에도 후기 네덜란드 의학을 공부한 의사 편에 출연했을 때는 출연자분들에게 몸 지도를 그려보게 했습니다(아쉽게도 그 장면은 방송에 나오지 않았지만).

그런 식으로 일이 있을 때마다 몸 지도 프로젝트를 밀어 넣으려고 노력한 의욕 충만의 10년이었습니다.

그 프로에 출연했을 때 《타펠 아나토미아》의 복사본을 처음 보았습니다. 뒷부분에는 여러 장의 해부도가 접혀 들어 있었습니다. 그 책은 네덜란드어로 빽빽이 쓰여 있고 내용은 횡설수설, 나라도 도저히 읽어보고 싶은 물건은 아니었습니다. 네덜란드어 지식이 전혀 없었던 스기타도 처음 그 책을 봤을 때는 같은 인상을 받았을 겁니다.

하지만 거기에 실린 해부도의 정확성을 해부 현장에서 직접 확인한 스기타 겐파쿠는 아마도 그 해부도 도감만이라도 간행하고 싶다고 생각했던 것 같습니다. 그렇게 해서 나온 것이 《해체신서》였습니다.

《해체신서》 간행 후에 지방 농촌에서 만들어진 해체신서 인형을 그 프로그램에서 보여주었는데, 놀랄 만큼 완성도 높은 인형이었습니다. 그런 정확한 인체 지식을 보급하는 것이야말로 스기타가 하고 싶었던 일이었을 테지요.

1774년에 《해체신서》가 간행된 지 245년이 지났습니다. 지금은 인터넷으로 검색하면 의학의 최첨단 지식을 확인하는 것도, 외국어를 번역해서 보는 것도 어렵지 않게 할 수 있습니다. 하지만 먼 옛날에 그려졌던 몸의 지도를 자신의 지식으로 삼고 있는 사람들은 적습니다. 자신이 평생 함께 지내게 될 자신의 몸을 모르고 산다면 인터넷도 정보도 헛될 뿐입니다. 이 책은 《해체신서》에 뒤이은 '해부학 세컨드 임팩트'라고 할 수 있겠지요.(나왔다, 자화자찬과 과대망상)

이 책을 집에 비치하는 구급상자로 삼게 된다면, 독자 여러분의 인생도 틀림없이 풍요로워질 겁니다. 그러므로 이 책을 구입하신 독자는 3권 더 구입해서 지인에게 나누어주고 그 지인에게 다시 3명의 지인에게 나누라고 부탁하고…….

엉? 그런 판매 방식을 요구해서는 안 된다고? 그거 아쉽네요. 그래도 이 책이 한 집에 한 권씩 구비될 날을 나는 정말로 꿈꾸고 있습니다.

2019년 4월 헤이세이 마지막 날에
가이도 다케루

10년 후의 후기

요시타케
신스케

이 책의 일러스트를
그린 것이 10년 전.
10년 사이에 나도 꽤
'아저씨의 몸'이
되었습니다.

노안이
됐어.

화장실에 자주
가게 됐고.

머리도
벗겨졌어.

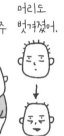

몸이 변하면
세상이 다르게 보입니다.
생각이 변합니다.

그래서 '삶'이 변합니다.

당신은 지금
어떤 몸으로
무엇을 생각하고
있습니까?

이 책에서
배운 대로,
당신의 몸은
여러 부분이 모여서
만들어졌습니다.

하나하나가
뿔뿔이 흩어지면
당신은
당신이 아니게
되어버립니다.

몸의 각 부분은
제각각 의미를 갖고 있고,
저마다 할 일이 있어서
서로 도우면서
당신을 존재하게 하고
있는 겁니다.

자아, 집합-.

마찬가지로
당신의 마음은
여러 다양한 기분이나
사건들이 모여서
만들어져 있습니다.

싫은
기분도

멍한
시간도

무척
좋아하는 것도

대실패도

그것들 역시 모두
제각각 의미가 있으며,
당신이 당신으로
되기 위해서
필요한 것들입니다.

자아, 집합~.

이렇게 보면
몸의 메커니즘은
마음의 메커니즘과
무척 많이 닮았습니다.
그리고 세상 돌아가는
메커니즘하고도.

엥?

음, 그 사람은 장기로
말하면 뭘까?

그러니까
몸에 대해서 알면,
여러 많은 것들을
알게 되거나
여러 가지 상상을
할 수 있게 될 겁니다.

아이에서 어른이 되거나,
어른에서 노인이 되거나,
병이 걸리거나 다치거나.
당신의 몸도 마음도,
그리고 세상도,
계속해서 변해갑니다.

하지만 무슨 일이 있어도
당신의 몸은 당신의 것.

자아, 그 몸을 가지고
뭘 할까요?

옮긴이 | 서혜영

서강대 국어국문학과를 졸업하고 한양대 일어일문학과 박사과정을 마쳤다. 현재 전문 일한 번역 · 통역가로 활동 중이다. 번역 작품으로는 《사랑 없는 세계》《거울 속 외딴 성》《달의 영휴》《어쩌면 좋아》《열심히 하지 않습니다》《기억술사》《서른 넘어 함박눈》《펭귄 하이웨이》《밤은 짧아 걸어 아가씨야》《토토의 눈물》《떠나보내는 길 위에서》 등이 있다.

내 몸의 지도를 그리자

구글맵도 찾지 못하는 우리 몸 구조

초판 1쇄 발행 2020년 5월 15일
초판 2쇄 발행 2021년 1월 25일

지은이 가이도 다케루
그린이 요시타케 신스케
옮긴이 서혜영
펴낸이 이혜경

펴낸곳 니케북스
출판등록 2014년 4월 7일 제300-2014-102호
주소 서울시 종로구 새문안로 92 광화문 오피시아 1717호
전화 (02) 735-9515
팩스 (02) 735-9518
전자우편 nikebooks@naver.com
블로그 nikebooks.co.kr
페이스북 www.facebook.com/nikebooks
인스타그램 www.instagram.com/nike_books

한국어판출판권 ©니케북스, 2020
ISBN 979-11-89722-22-7 (03400)

책값은 뒤표지에 있습니다.
잘못된 책은 구입한 서점에서 바꿔 드립니다.

이 도서의 국립중앙도서관 출판예정도서목록(CIP)은 서지정보유통지원시스템 홈페이지 (http://seoji.nl.go.kr)와 국가자료종합목록 구축시스템(http://kolis-net.nl.go.kr)에서 이용 하실 수 있습니다. (CIP제어번호 : CIP2020012904)